栄養科学シリーズ
NEXT
Nutrition, Exercise, Rest

基礎有機化学

第2版

高橋吉孝・辻 英明／編

講談社

シリーズ総編集

桑波田雅士　京都府立大学大学院生命環境科学研究科 教授
塚原　丘美　名古屋学芸大学管理栄養学部管理栄養学科 教授

シリーズ編集委員

青井　　渉　京都府立大学大学院生命環境科学研究科 准教授
朝見　祐也　龍谷大学農学部食品栄養学科 教授
片井加奈子　同志社女子大学生活科学部食物栄養科学科 教授
郡　　俊之　甲南女子大学医療栄養学部医療栄養学科 教授
濱田　　俊　福岡女子大学国際文理学部食・健康学科 教授
増田　真志　徳島大学大学院医歯薬学研究部臨床食管理学分野 講師
渡邊　浩幸　高知県立大学健康栄養学部健康栄養学科 教授

編者・執筆者一覧

伊東　秀之　岡山県立大学保健福祉学部栄養学科 教授(3，5)
高橋　吉孝＊　岡山県立大学保健福祉学部栄養学科 教授(1，6，10)
辻　　英明＊　岡山県立大学 名誉教授(1，2，4)
中島　伸佳　元岡山県立大学保健福祉学部栄養学科 准教授(7，9)
山本登志子　岡山県立大学保健福祉学部栄養学科 教授(8)

(五十音順，＊印は編者，かっこ内は担当章)

第2版 まえがき

管理栄養士ならびに栄養士は，人の食事の管理や栄養教育を行うことができる資格であり，人体の生理に関する基礎的な知識と考え方が求められる．そのベースとなるのが，人体の生命現象を分子レベルで理解する学問，すなわち生化学や分子生物学であり，その理解には有機化学の修得が必須である．また，人が摂取する食品を理解する食品学や，食品が代謝され人体の構成成分として利用される過程を理解する栄養学にも，有機化学の理解が求められる．

本書は，管理栄養士ならびに栄養士に求められる生化学や分子生物学，食品学，栄養学などの理解の基礎となる有機化学を，極力平易に解説した入門書である．特に高等学校で化学や生物を十分に学習していない学生でも理解できるように配慮した．第1章では，有機化合物を構成する原子と分子について学び，有機化学を概観する．次いで，有機化学を体系的に把握するために，第2章では，有機化合物における炭素原子同士の結合を中心にした化学結合を理解し，第3章では，有機化合物に存在する異性体の中でも，特に立体異性を学修して生体構成有機化合物への理解を深める．さらに第4章では，基本的な有機化合物の構造的な特徴を学び，第5章では，化学反応を学修して有機化合物の化学的変化のしくみを理解する．これらの知識をもとに，第6章，第7章，第8章，第9章および第10章では，それぞれ生体を構成する有機化合物である炭水化物，アミノ酸とタンパク質，脂質，ビタミンおよび核酸の化学構造について学修する．

今回，本書全体を再度見渡して，より読みやすいフルカラー版に改訂し，学修者の知識の定着を図れるよう章末問題を追加した．理解しにくい点など，読者諸氏の忌憚ないご意見やご指摘を賜ることができれば幸いである．

終わりに，本書は(株)講談社サイエンティフィク野口敦史氏ほか，スタッフの方々の篤いご支援なくしては刊行できませんでした．ここに厚く御礼を申し上げます．

2024年4月

編者　高橋　吉孝
辻　　英明

栄養科学シリーズNEXT 刊行にあたって

「栄養科学シリーズNEXT」は，“栄養Nutrition・運動Exercise・休養Rest”を柱に，1998年から刊行を開始したテキストシリーズです．「管理栄養士国家試験出題基準（ガイドライン）」を考慮した内容に加え，2019年に策定された「管理栄養士・栄養士養成のための栄養学教育モデル・コア・カリキュラム」の達成目標に準拠した実践的な内容も踏まえ，発刊と改訂を重ねてまいりました．さらに，新しい科目やより専門的な領域のテキストも充実させ，栄養学を幅広く学修できるシリーズになっています．

この度，先のシリーズ総編集である木戸康博先生，宮本賢一先生をはじめ，各委員の先生方の意思を引き継いだ新体制で編集を行うことになりました．新体制では，シリーズ編集委員が基礎科目編や実験・実習編の委員も兼任することで，より座学と実験・実習が連動するテキストの作成を目指します．基本的な編集方針はこれまでの方針を踏襲し，次のように掲げました．

・各巻の内容は，シリーズ全体を通してバランスを取るように心がける
・記述は単なる事実の羅列にとどまることなく，ストーリー性をもたせ，学問分野の流れを重視して，理解しやすくする
・図表はできるだけオリジナルなものを用い，視覚からの内容把握を重視する
・フルカラー化で，より学生にわかりやすい紙面を提供する
・電子書籍や採用者特典のデジタル化など，近年の授業形態を考慮する

栄養学を修得し，資格取得もめざす教育に相応しいテキストとなるように，最新情報を適切に取り入れ，講義と実習を統合して理論と実践を結び，多職種連携の中で実務に活かせる内容にします．本シリーズで学んだ学生が，自らの目指す姿を明確にし，知識と技術を身につけてそれぞれの分野で活躍することを願っています．

シリーズ総編集　桑波田雅士
塚原　丘美

基礎有機化学 第2版 —— 目次

基礎編

●章末問題の解答や資料

https://www.kspub.co.jp/book/detail/5356425.html
QR コードから直接，または上記 URL の一番下にあるリンクからアクセスできます．

基礎編

1. 有機化学を学ぶにあたって

フリードリヒ・ヴェーラー（1800 ～ 1882）
ドイツの化学者．シアン酸アンモニウムより尿素を合成し，無機化合物から人類史上初めて有機化合物を合成したことで知られる．

1.1 物質を構成する最小粒子

人類は，自らのまわりを取り囲む物質のしくみについて古くから関心をもっていた．特に，古代ギリシアでは，物質に関する諸説が活発に提唱された．紀元前6世紀，ミレトスのターレスは水があらゆる物質の根元物質であると考え，アナクシメネスは空気が根元物質であると考えた．また，アナクシマンドロスは熱と冷，湿と乾の対立によりあらゆる物質が生成すると考えた．デモクリトスは硬くて，均質で有限の種類からなる原子という概念を提起し，あらゆる物体は固有の原子の相互作用によりつくられると考えた．プラトンは根元物質として土，水，空気，火の4元素を提唱した．アリストテレスはアナクシマンドロス説とプラトンの四元素説を組み合わせて，アリストテレスの物質観を提案した．

アリストテレスによるこの物質観は中世時代を長く支配した．この間に，錬金術が隆盛を極めた．1526年ごろ，パラケルススは根元物質として，硫黄，水銀，塩を三原質とする説を提唱した．これらの物質は，現代の尺度によると，硫黄は共有結合でできたもの，水銀は金属結合，塩はイオン結合により生成したものの代表であると考えることができる．この時代までに，多くの化学物質が合成され，天然物から単離されている．また，同時に，蒸留，乾留，熱分解，濾（ろ）過，再結晶などの重要な技術も確立されている．

17世紀半ば，ボイルは「懐疑的化学者」の著書の中で，「これ以上分解できない究極物質を元素と定め，元素相互の変換はありえない」と述べ，実験に基づいた物質観を提案している．その後，酸素，水素，窒素など元素が発見された．とりわけ，1800年前後，ラボアジェによる燃焼説，質量保存の法則の発見，ドルトンによる原子説，さらにアボガドロによる分子説など科学における重要な法則が次々と発見され，物質の根元要素は元素であることが確立された．さらに，

1869年にメンデレーエフは，当時明らかにされていた約60種類の元素の周期律を発見し，1872年に周期表を発表した．

しかしながら，19世紀末までは，原子の構造についてはまったく知られていなかった．1900年前後には，原子を構成する素粒子が次々と発見され，原子は電子および原子核からつくられ，原子核はさらに陽子と中性子から成り立ち，しかも，陽子の数と電子の数は同数であることがわかってきた．やがて，上述の周期表における原子番号は原子量によるのではなく陽子の数にしたがって決められるようになった．

1.2 有機化学の背景

私たちの身の回りはもちろんのこと，私たちの体そのものも物質から構成されており，その物質は100種類程度の限られた数の元素でつくられている．宇宙

表1.1 宇宙における元素組成

元素	存在比
水素(H)*	30900
ヘリウム(He)	2630
酸素(O)*	15.1
炭素(C)*	8.32
ネオン(Ne)	2.63
窒素(N)*	2.09
マグネシウム(Mg)	1.05
ケイ素(Si)	1.00
鉄(Fe)	0.871
硫黄(S)	0.437
アルミニウム(Al)	0.0832
アルゴン(Ar)	0.0776
カルシウム(Ca)	0.0603
ナトリウム(Na)	0.0575
ニッケル(Ni)	0.0490
クロム(Cr)	0.0135
マンガン(Mn)	0.00933
リン(P)	0.00832
カリウム(K)	0.00372
塩素(Cl)	0.00525

*生体内でおもに有機化合物をつくる．
存在比はケイ素を1.00としたときの値．
[資料：国立天文台編，理科年表2024，丸善(2023)]

表1.2 大気の化学組成(乾燥)

成　分	体積百分率(%)
窒素(N_2)*1	78.08
酸素(O_2)*1	20.95
アルゴン(Ar)	0.93
二酸化炭素(CO_2)*2	0.041
ネオン(Ne)	0.0018
ヘリウム(He)	0.00052
メタン(CH_4)*2	0.00019
クリプトン(Kr)	0.00011
水素(H_2)*1	0.00005
一酸化炭素(CO)*2	0.000012

*1 生体内でおもに有機化合物をつくる．
*2 Cは化合物として存在する．
[資料：日本化学会編，化学便覧基礎編改訂6版，丸善(2021)]

表1.3　地球内部における元素組成(%)

元素	コア	マントル	地殻
酸素(O)	0	44	47.2
ケイ素(Si)	6	21	28.8
アルミニウム(Al)	0	2.35	7.96
鉄(Fe)	85.5	6.26	4.32
カルシウム(Ca)	0	2.53	3.85
ナトリウム(Na)	0	0.27	2.36
マグネシウム(Mg)	0	22.8	2.20
カリウム(K)			2.14
チタン(Ti)			0.401
炭素(C)	0.20	0.01	0.1990
リン(P)	0.20	0.009	0.0757
マンガン(Mn)	0.03	0.10	0.0716
硫黄(S)	1.9	0.03	0.0697
バリウム(Ba)			0.0584
フッ素(F)			0.0525
塩素(Cl)			0.0472
ストロンチウム(Sr)			0.0333
ジルコニウム(Zr)			0.0203
クロム(Cr)	0.9	0.26	0.0126
バナジウム(V)			0.0098
ルビジウム(Rb)			0.0078
亜鉛(Zn)			0.0065
窒素(N)			0.0060
ニッケル(Ni)	5.2	0.20	0.0056

生体内でおもに有機化合物をつくる酸素は多くあるが炭素，水素，窒素はほとんどない．
[資料：日本化学会編，化学便覧基礎編改訂6版，丸善(2021)．R.W. Carlson, *The Mantle and Core*, Elsevier Science (2006)]

表1.4　人体におけるおもな元素組成

元　素	重量%
酸素(O)	61
炭素(C)	23
水素(H)	10
窒素(N)	2.6
カルシウム(Ca)	1.4
リン(P)	1.1
硫黄(S)	0.20
カリウム(K)	0.20
ナトリウム(Na)	0.14
塩素(Cl)	0.12
マグネシウム(Mg)	0.027
ケイ素(Si)	0.026
鉄(F)	0.006
フッ素(F)	0.0037
亜鉛(Zn)	0.0033
銅(Cu)	0.00010

[資料：R. M. Parr, *Trace elements in human milk*, IAEA Bulletin (1983)]

全体を構成する元素としては水素(H)，ヘリウム(He)が主要元素である(表 1.1)．しかし，表 1.2 および表 1.3 に示したように，地球の大気においては，窒素(N)，酸素(O)がおもな元素であり，地殻では，酸素，ケイ素(Si)などがおもな元素である．また，私たちヒトの体は，炭素(C)，水素，酸素および窒素などを主要元素とする(表 1.4)．これらを見ると，炭素は地球全体では極めて少ない元素であるが，生命あるものにとっては極めて重要な元素であることがわかる．

炭素のみの同素体，一酸化炭素(CO)，二酸化炭素(CO_2)，炭酸イオン(CO_3^-)，シアン化物イオン(CN^-)，シアン化合物，ならびに炭酸(H_2CO_3)およびその塩など，少数の化合物を除くすべての炭素化合物は有機化合物(有機物)といい，有機化合物を除く物質を無機化合物(無機物)という．

人類は古代ギリシア時代より物質の根元要素を考え，探し求めてきたが，根元物質としての元素説が確立されたのは，1801 年のドルトンによる原子説の提唱によってである．当時，燃焼しない鉱物などの無機物質のほかに，酢酸(CH_3COOH)，エタノール(C_2H_5OH)，油脂($RCOOCH_2CH(OOCR)CH_2OOCR$)，乳酸($CH_3CH(OH)COOH$)，クエン酸($HOOCC(OH)(CH_2COOH)_2$)，尿素(H_2NCONH_2)などの多くの有機化合物が知られていた．しかしながら，これらの物質はすべて生物体から分離されたものであることから，これらの化合物は生命力のある生物のみによってつくりだされるものと固く信じられていた．このような状況から，これらの物質に対して有機物質という名前がつけられた．また，これらの有機物質は共通して炭素および水素を含み，燃焼すると水(H_2O)と二酸化炭素が生成することが知られていたが，これらの有機物質を実験室的に合成することは試みられなかった．1828 年，ドイツのヴェーラーは，骨粉を燃焼させてつくられた無機化合物の１つであるシアン酸アンモニウム(NH_4OCN)の水溶液を加熱すると，有機化合物である尿素(H_2NCONH_2)が生成することを発見し，生物体を介さずに無機物質から有機物質が合成できることを初めて実験的に示した．これを契機として，従来の固定観念から解放され，有機化学は大きく発展したのである．

1.3 有機化学の基本的な考え方

無機化合物の種類は数万種類にすぎないが，有機化合物については今日，合計 1,000 万種類を超える化合物が合成され，天然物から単離されている．このように複雑多岐にわたる有機化合物が存在しうる理由は，炭素元素がもつ次の性質による．

①炭素同士がつながり，多数結合でき，いくらでも大きな分子を形成できること
②炭素原子の結合できる腕が４本ある（原子価が４価である）こと
③単結合以外に二重結合や三重結合が形成できること

この炭素元素の特有な性質のほかに，有機化合物には，分子式が同じでも構造が互いに異なる異性体が多数存在し，それらが異なる性質を示すことで，後述の命名法とあわせて有機化合物をより複雑化している．

このように複雑な有機化合物については次のように考えるとわかりやすい．有機化合物を構成する元素は，炭素(C)，水素(H)，酸素(O)，窒素(N)，硫黄(S)，リン(P)，塩素(Cl)など極めて限られる．有機化合物には，メタン(CH_4)，エタン(C_2H_6)，エチレン(C_2H_4)，アセチレン(C_2H_2)やベンゼン(C_6H_6)などのように，炭素と水素のみから構成される炭化水素という化合物群がある．これらの炭化水素，たとえばエタン(CH_3-CH_3)の水素原子１つをヒドロキシ基(-OH)，アミノ基

$(-NH_2)$，塩素原子(Cl)と置き換えると次のような新しい化合物が得られる．

エタノール(CH_3CH_2-OH)，エチルアミン$(CH_3CH_2-NH_2)$，
塩化エチル(CH_3CH_2-Cl)

このようにして得られた新しい化合物は，もとのエタンとはまったく異なる性質を示す．上記の化合物におけるヒドロキシ基，アミノ基，塩素などは官能基というが，この官能基の存在が炭化水素に新しい物理的，化学的性質を付与している．「炭素からなる基本骨格」は異なっても同じ官能基をもつ化合物は互いによく似た性質を示す．以上のことは，有機化合物の見方は炭素骨格を基本とし，分子内に存在する官能基に注目すべきであることを意味している．

一方，有機化合物の情報として，まず構成元素の種類，およその元素組成を明らかにするために，燃焼分析が行われる．生成する水および二酸化炭素などから構成元素の組成式すなわち実験式が求められる．たとえば，乳酸の場合，その実験式は CH_2O である．次いで，乳酸の分子量が 90.08 であるとわかると，実験式から分子式 $C_3H_6O_3$ が算出される．しかしながら，分子式はその化合物について限られた情報しか与えず，一般的にあまり有用ではない．これに対して，有機化合物を構成する原子の結合様式を示した構造式や示性式*は，とりわけ官能基の存在を示すという点で分子の性質に関してより有用かつ明確な情報を提供してくれる．本書では分子式と示性式を適宜用いている

* 化合物の性質を特徴づける官能基などを抜き出して明示した化学式のこと．

［例］乳酸　組成式　CH_2O
分子式　$C_3H_6O_3$
示性式　$CH_3CH(OH)COOH$
構造式

```
      COOH
       |
    H−C−OH
       |
      CH3
```

1.4　有機化学の役割

植物，動物，微生物など生物体は炭素原子を含む化合物から構成されている．これらの生物は成長，生殖など生命現象を示すが，この現象の本質はすべて代謝という無数の化学反応を組み合わせたものによって営まれている．この代謝の過程において，多くの有機化合物は別の有機化合物に転換される．生物体を構成する物質として，タンパク質，炭水化物，核酸および脂質が存在する．タンパク質は 20 種類のアミノ酸が 100 個以上結合して生成する分子量が 10,000 以上の重合体である．また，デンプン，グリコーゲンなどの炭水化物はグルコース（ブドウ糖，$C_6H_{12}O_6$）が多数結合して生成した重合体である．これらは，いずれも生体高

分子という.

$$\text{-}[NHCHRCO]_n\text{-} \qquad \text{-}[C_6H_{10}O_5]_n\text{-}$$

タンパク質　　　　炭水化物

上式は，タンパク質および炭水化物の分子式を表しているが，nは構成単位となるアミノ酸およびグルコースの重合数を示している．また，核酸は，糖*，リン酸(H_3PO_4)およびアデニン($C_5H_5N_5$)などの塩基からなるヌクレオチドが重合した生体高分子である．これらの成分のほか，生体内の重要な成分である脂質の1つである脂肪はグリセロール($CH_2(OH)CH(OH)CH_2OH$)が脂肪酸(C_nH_mCOOH)とエステル結合することにより生成したものである．これらのうち，タンパク質，炭水化物，脂肪はビタミンとともに栄養素として私たちの腸管内で消化，分解，吸収を受け，生体内で利用される．これらは，有機化学をよく理解していないかぎり，生体内で起こる現象を理解することはできないということを意味している．

＊　多価アルコールの最初の酸化物で，ホルミル基(-CHO)またはカルボニル基(>C=O)を1つもつ化合物の総称をいう．

また，私たちの身の回りには多くの有機化合物が存在している．たとえば，ポリエチレンやポリエステル(ポリエチレンテレフタレート：PET)などの合成高分子，染色用の合成染料，合成甘味料，合成ゴムなど多くの化成品があるが，これらはいずれも有機化学の進展によりつくることが可能となったものである．このほか，人類の健康の維持増進に有効な医薬品も有機化合物である．また，除草剤，殺虫薬なども有機合成によりつくられ，食料増産に利用されている．このように，私たちが必要とする多くの物質は，有機化学的方法により製造され，私たちの生活は支えられている．

以上のように，有機化学は，私たちの身の回りに存在する物質を理解するだけでなく，生物現象を理解するうえでも極めて重要な学問である．

アボガドロ数と物理量

現在，根元要素として元素は120種類あまり知られているが，自然界に存在しているのは最も重いウラン元素(U)を含め90種類ほどである．各元素に属する原子，たとえば，水素原子(H)1個の質量は1.7×10^{-24}gで，極めて小さい．化学では，小さい原子1個ずつを取り扱うより，原子の質量比，すなわち原子量で取り扱うほうが合理的である．現在では炭素原子(^{12}C)は19.927×10^{-24}gであるが，これを12として，各原子の質量比を原子量としている．なお，元素の原子量は，その元素を構成している同位体の存在比率による相加平均値が利用される．炭素の原子量12にgをつけた12gの炭素の塊の中には，6.02×10^{23}個の炭素原子が存在する．この数はアボガドロ数という．

モル

分子，イオン，原子，電子が 6.02×10^{23} 個集まった物質の塊を 1 モル (1 mol) と表す．たとえば，水 (H_2O) の分子量は 18.01 であるが，これに g をつけた 18.01 g の水の塊の中にはアボガドロ数の水分子が存在している．また，溶質 1 モルを溶媒に溶かして 1 L の溶液にしたときの濃度を 1 モル濃度 (mol/L または M) という (1 L の溶媒に溶かすのではないことに注意)．

グラム当量

元素の原子量を原子価で除した量をその元素の 1 当量という．その 1 当量に g をつけた量を 1 グラム当量という．

中和反応は H^+ と OH^- が同数反応して水を生成する反応である．この場合，アボガドロ数 (1 mol) の H^+ を産生する酸の量すなわち 1 グラム当量と，同数の OH^- を産生する塩基の量すなわち 1 グラム当量が反応して，中和反応は完了する．

一方，酸化還元反応において，還元剤から供給される電子の数と同数の電子を酸化剤が受け取った場合，酸化還元反応は完了する．1 分子から n 個の電子を産生する還元剤と，1 分子が m 個の電子を受け取る酸化剤が反応する場合，1 モルの電子を産生する還元剤の量 (還元剤の 1 グラム当量 = 1 モルの n 分の 1 の量) に対して，1 モルの電子を受け取る酸化剤の量 (酸化剤の 1 グラム当量 = 1 モルの m 分の 1 の量) があればよい．

すなわち 1 グラム当量の両者を反応させれば酸化還元反応は完了する．なお，上記 1 グラム当量を溶かして 1 L の溶液にしたときの濃度を 1 規定濃度 (N) という．1 モルの酸化剤または還元剤が n モルの電子を受け取るかまたは産生する場合，1 モル濃度の酸化剤および還元剤はそれぞれ n 規定濃度に対応する．

たとえば，硫酸 (H_2SO_4，分子量 98) は 2 価の酸なので，98 g の 1/2 の 49 g が 1 グラム当量であり，これを溶かして 1 L にしたときの濃度が 1 規定濃度である (1 L の溶媒に溶かすのではないことに注意)．

(　　) に入る適切な語句を答えなさい．

① 1 モルを構成する粒子の個数を (　　) 数という．

② 炭素原子 (原子量 12) の 1 モルの質量は (　　) g である．

③ エタノールのヒドロキシ基やエチルアミンのアミノ基などは (　　) といい，化合物に特有の化学的性質を与える．

基礎編

2. 有機化合物の分類と化学結合

アウグスト・ケクレ（1829 〜 1896）
ドイツ出身の有機化学者．有機化合物の構造式の表示法を考案し，ベンゼンの構造式として二重結合と単結合が交互に並んで六員環を構成するケクレ構造（亀の甲）を提唱した．

2.1 有機化合物の分類

有機化合物における化学結合は主として共有結合である．炭素原子の不対電子は 2 個であるが，原子価は 4 価である．その結合様式は，2.2C 項で述べる．

また，単結合のみから成り立つ化合物，二重結合を含む化合物，ならびに三重結合をもつ化合物が存在している（表 2.1）．単結合のみは，メタン（CH_4）に代表されるように正四面体構造をとる（図 2.6 参照）．二重結合は平面構造をとる（図 2.9

表2.1 有機化合物における炭素原子間の結合の種類と代表的な化合物

結合の種類	代表的な化合物
単結合のみ	メタン（CH_4），エタン（C_2H_6），プロパン（C_3H_8），ブタン（C_4H_{10}），ペンタン（C_5H_{12}）など
二重結合をもつ	エチレン（C_2H_4），プロペン（C_3H_6），ブテン（C_4H_8）など
三重結合をもつ	アセチレン（C_2H_2）など

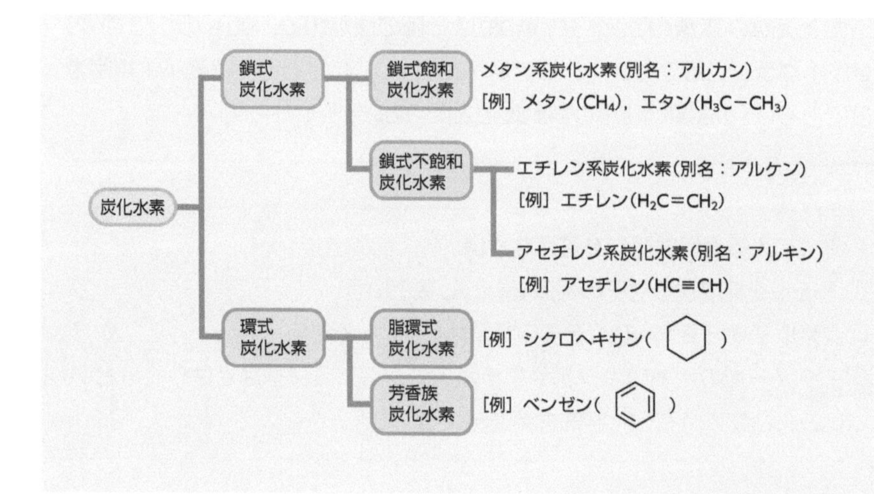

図2.1 炭化水素の分類
はシクロヘキサン環といい，単結合であることを示している．はベンゼン環といい，炭素同士の結合が二重結合と単結合が交互に存在することを示す．

参照）．単結合の場合は，その結合軸を中心にして自由に回転しうるが，二重結合においては，その結合軸は固定して回転しない．また，三重結合は直線状の構造をしており，この結合においても，その軸は固定され，回転しない（図 2.12 参照）．

有機化合物を概観すると，炭素（C）と水素（H）だけから構成されるメタンのような炭化水素という大きなグループが存在している．すなわち，その炭素骨格の違いにより，図 2.1 に示したように分類される．しかし，有機化合物においては，炭化水素以外に特定の性質をもつ原子や原子団を含んでいる化合物が多く存在し，これらの原子団は官能基という．異なった化合物でも同じ官能基をもつと，同様の性質を示すことが多い．すなわち，有機化合物の構造には C–C，C–H 結合の

表2.2 官能基による有機化合物の分類（代表例）

化合物の形式	官能基	基の名称	例
ハロゲン化物	−X(F, Cl, Br, I)	ハロゲン	塩化エチル(CH_3CH_2Cl)
アルコール	−OH	ヒドロキシ基（水酸基）	メタノール(CH_3OH)，エタノール(CH_3CH_2OH)
フェノール	−OH	ヒドロキシ基（水酸基）	フェノール(C_6H_5−OH)，乳酸($CH_3CH(OH)COOH$)
エーテル	(C)−O−(C)	（エーテル結合）	ジエチルエーテル($CH_3CH_2OCH_2CH_3$)
ケトン	−C(=O)−	カルボニル基（ケトン基）	アセトン(CH_3COCH_3)
アルデヒド	−C(=O)−H	カルボニル基（ホルミル基，アルデヒド基）	ホルムアルデヒド(HCHO) アセトアルデヒド(CH_3CHO)
カルボン酸	−C(=O)−O−H	カルボキシ基	酢酸(CH_3COOH)
エステル	−C(=O)−O−	（エステル結合）	酢酸エチル($CH_3COOCH_2CH_3$) 安息香酸エチル(C_6H_5−C(=O)−OCH_2CH_3)
リン酸エステル	−O−P(=O)(OH)−OH	（エステル結合）	グリセロリン酸(HOH_2CC(OH)(H)CH_2O−P(=O)(OH)−OH)
アミド	−C(=O)−NH_2	カルバモイル基	グルタミン($H_2NCOCH_2CH_2CH(NH_2)COOH$)
ニトリル	−C≡N	シアノ基	アセトニトリル(CH_3CN)
チオール	−SH	メルカプト基	メタンチオール(CH_3SH)
チオエーテル（スルフィド）	−S−	アルキルチオ基	メチルチオエタン($CH_3SCH_2CH_3$)
アミン	−NH_2	アミノ基	アニリン(C_6H_5−NH_2) メチルアミン(CH_3−NH_2)
ニトロ化合物	−NO_2	ニトロ基	ニトロベンゼン(C_6H_5−NO_2)
スルホン酸	−SO_3H	スルホ基	ベンゼンスルホン酸(C_6H_5−SO_3H)

化学式	慣用名	IUPAC 名
CH_3OH	メチルアルコール	メタノール
CH_3CH_2OH	エチルアルコール	エタノール
CH_3COOH	酢酸	エタン酸
$CH_3CH_2CH_2COOH$	酪酸	ブタン酸
$CH_3CH_2CH_2CH_2CH_2COOH$	カプロン酸	ヘキサン酸
$CH_3COCOOH$	ピルビン酸	2-オキソプロパン酸
$CH_3CH(OH)COOH$	乳酸	2-ヒドロキシプロパン酸
CH_3COCH_3	アセトン	2-プロパノン
$CH_2(OH)CH(OH)CH_2OH$	グリセリン(グリセロール)	1, 2, 3-プロパントリオール

表 2.3 慣用名(一般名)と IUPAC 名の例

ほかに，C=O，C-O，O-H，N-H などの結合がある．これらの官能基は「異性体」(3.1 節参照)を構成する理由ともなり，医薬品や生理活性物質の効果を左右したり，生体内反応を制御したり，植物の色や食品の香りなどの特性に影響を与え，その化合物に特有の化学的性質を付与する．表 2.2 に代表的な官能基および有機化合物の例を示している．

従来，有機化合物の命名には有機基名を用いる方法が適用されてきた．すなわち，名前は有機基名と有機基をもつ化合物の属する化合物群の一般名(アルコール，エーテルなど)とを列記する慣用名により与えられてきた．たとえば，CH_3CH_2OH はエチルアルコールという．

しかし，炭素数が増加するにつれて有機化合物の数は極端に多くなるので，それぞれを適当に命名することは不可能である．国際純正・応用化学連合(IUPAC)から，IUPAC 命名法が提案された．本書において取り上げた化合物の名称は慣用名と IUPAC 名を適宜用いている．慣用名と IUPAC 名の対応例を表 2.3 に示した．

IUPAC：International Union of Pure and Applied Chemistry

2.2 有機化合物の化学結合

A. 単結合と多重結合

共有結合の中で，共有電子対 1 組による結合を単結合，共有電子対 2 組による結合を二重結合，共有電子対 3 組による結合を三重結合という．分子中の電子対は，結合に関与する原子の電子軌道の重なりによってできる分子軌道に収容される．分子軌道には，次の 2 種類ある．

① **σ(シグマ)結合**：原子核を結ぶ軸方向の軌道の重なりで生じ，電子の存在確率はその軸方向が最も高いような結合．

②π（パイ）**結合**：原子核の軸方向に対して垂直方向のp軌道の重なりで生じ，軸方向においては電子の存在確率が最も小さい結合．

したがって，これらの組み合わせにより共有結合は次のように分けられる．

単結合………σ結合のみからなる

二重結合……σ結合とπ結合からなる

三重結合……σ結合1つと2つのπ結合からなる

B.　ルイス理論

水素分子（H_2）は互いの原子がもつ1個ずつの価電子を共有することによって形成されたものである．図2.2は2個の水素原子が分子軌道を形成する過程を示しており，共有結合は結合エネルギーが最小になる状態に対応し，最も安定な状態である．

20世紀初頭，G. N. ルイスは水素，フッ素（F_2），窒素（N_2）などの分子における原子間の結合理論（ルイス理論）として，下記の2つの規則を提案している．

a.　オクテット説

原子の最外殻が2個または8個の電子で満たされると，安定な化合物となる．分子中で共有結合している原子は，貴ガス元素（希ガスともいう*）と同じ電子配置を示す．

*従来，希ガス（rare gas）と表記されていたが，IUPAC2005年勧告で貴ガス（noble gas）の表記となった．

b.　点電子式

共有結合に使われるのは，価電子のうちで対をなしていない不対電子である．分子を構成する原子中のすべての価電子は，共有電子対，非結合電子対（孤立電子

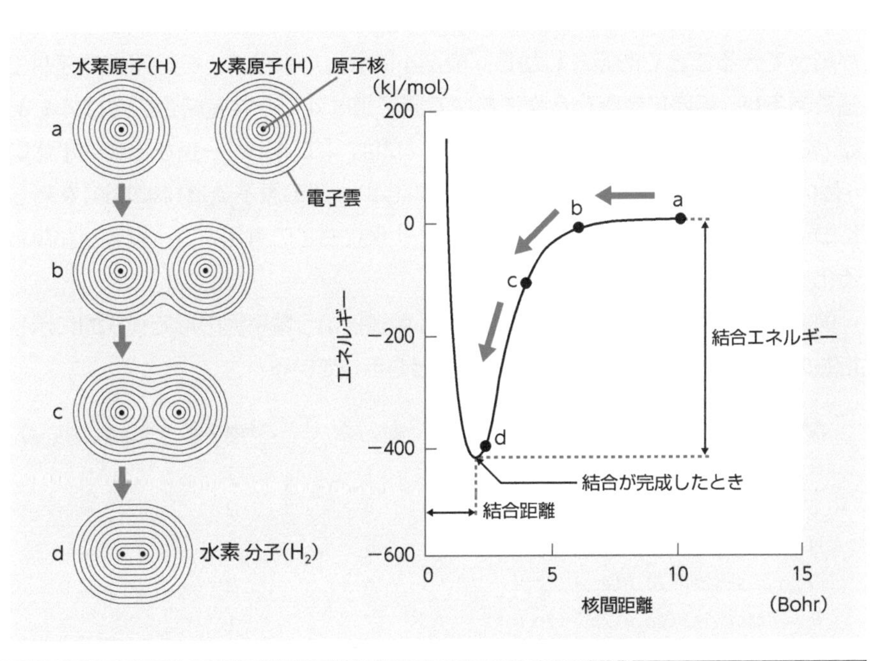

図2.2　水素原子から水素分子が形成されるモデル
2つの原子核の間の距離を核間距離という．結合エネルギーは熱または他の化学結合に使われる．

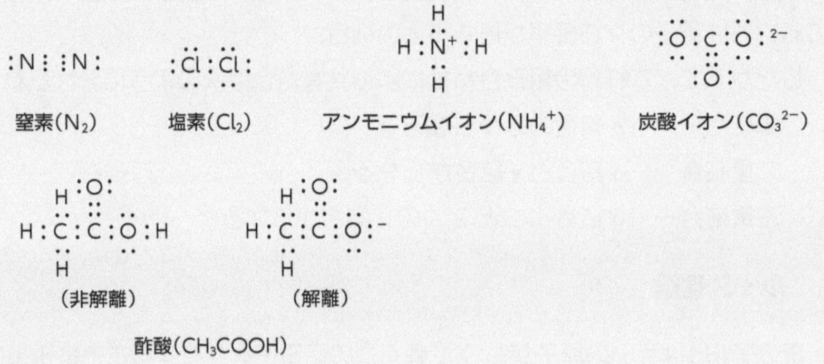

窒素(N_2)　塩素(Cl_2)　アンモニウムイオン(NH_4^+)　炭酸イオン(CO_3^{2-})

（非解離）　（解離）

酢酸(CH_3COOH)

図2.3 点電子式表記の例
最外殻の電子を・で表現．Nの場合，L殻の2sの2個，2pの3個の合計5個の点で表す．

対)，不対電子のいずれかに分類され，それぞれ点(・)で表示される．分類された価電子をオクテット説を満たすように分子式中の原子のまわりに配置したものを点電子式という(図2.3)．イオンの場合も，電荷を総価電子数から増減し，同様に表現する．この場合，共有電子対を価標で示してもよい．また，多重結合は複数の共有電子対で表される．

C. 炭素原子の共有結合

共有結合を形成するためには，原子には不対電子がなければならない．原子価とは，原子がつくる共有結合の数をいうが，これはその原子がもつ不対電子の数に対応する．H，C，N，O，Fの例は表2.4のようになる．

分子として存在している物質の中で，重要な化合物は炭素(C)を含む有機化合物である．とりわけ，炭素原子を中心にした結合の特徴は，炭素原子と炭素原子が結合できることである．しかし，表2.4に示したように，Cの不対電子は2個であるが，実際に炭素化合物において原子価は4で，共有結合の数は4である．この矛盾を説明するために，ポーリングは，「エネルギー差が比較的小さいn個の原子軌道を混合してエネルギーが等しいn個の原子軌道(混成軌道)を新しくつくる」という新しい混成概念を提唱し，現在もこの考え方で，炭素がかかわる化学結合は説明されている．

図2.4は水素原子の電子の存在様式をs軌道という電子雲の形で模式的に示したものであるが，p軌道およびd軌道なども示している．

表2.4 H，C，N，O，Fの電子配置および原子価

元素	電子配置	価電子数	不対電子数	結合数(原子価)
H	$(1s)^1$	1	1	1
C	$(1s)^2(2s)^2(2p_x)^1(2p_y)^1(2p_z)^0$	4	2	4
N	$(1s)^2(2s)^2(2p_x)^1(2p_y)^1(2p_z)^1$	5	3	3
O	$(1s)^2(2s)^2(2p_x)^2(2p_y)^1(2p_z)^1$	6	2	2
F	$(1s)^2(2s)^2(2p_x)^2(2p_y)^2(2p_z)^1$	7	1	1

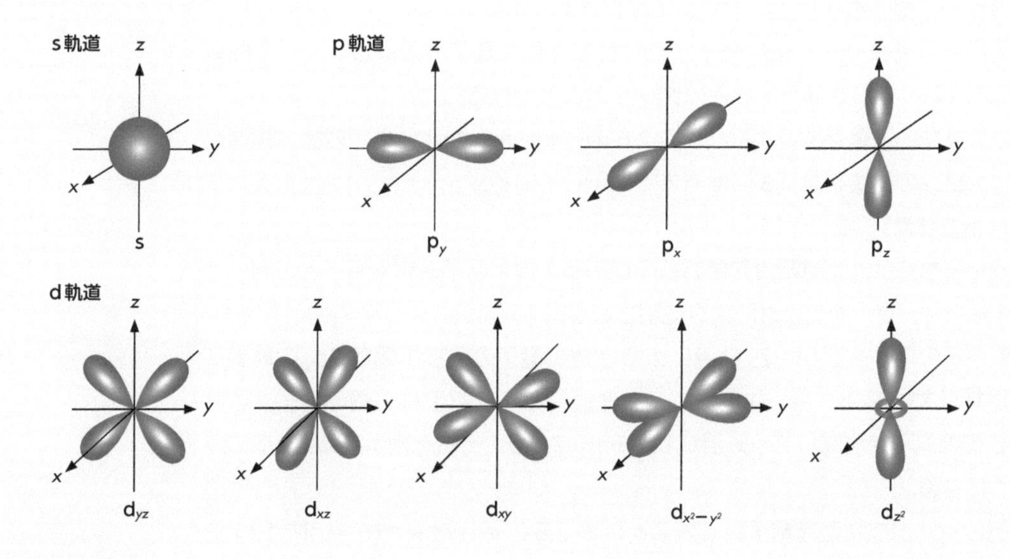

図2.4 電子雲の形
原点が原子核.

混成軌道には単結合だけからなる炭素原子の結合にかかわる sp^3 混成軌道，二重結合にかかわる sp^2 混成軌道，三重結合にかかわる sp 混成軌道の 3 種類が知られている．以下に，順次説明する．

a. sp^3 混成軌道

炭素原子の電子配置は，図 2.5 の左側に示しているが，2s 軌道にある 2 個の

図2.5 炭素原子(C)の sp^3 混成軌道の生成

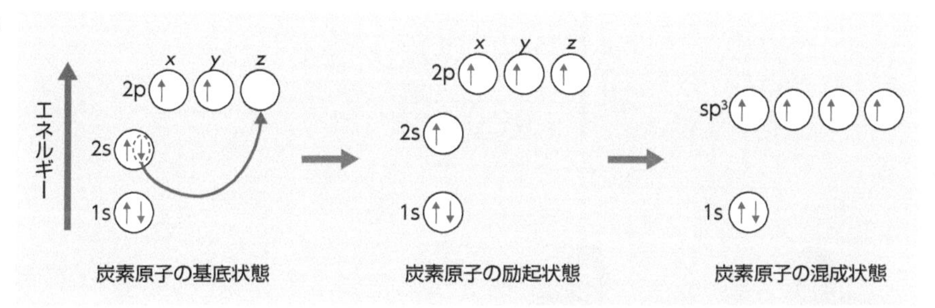

図2.6 炭素原子の sp^3 混成軌道とメタンの構造

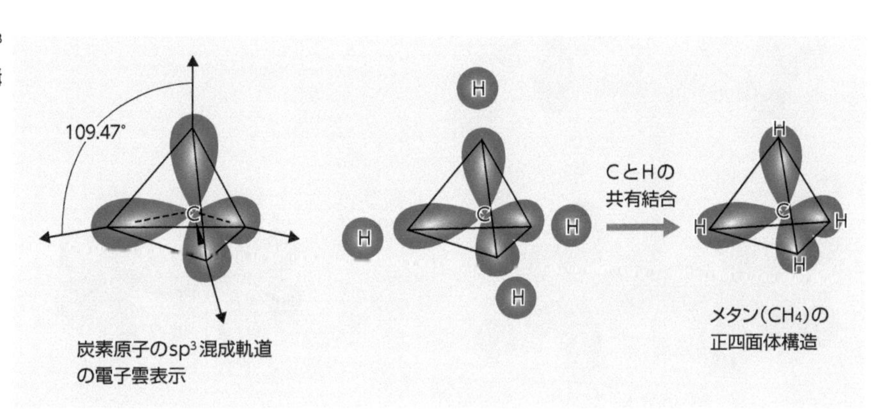

電子のうち 1 個の電子が $2p_z$ の軌道に励起され，次いで，2s，$2p_x$，$2p_y$ ならびに $2p_z$ にあるそれぞれ 1 個の電子，合わせて 4 個の電子が混成して sp^3 混成軌道を形成する．これを図示すると，図 2.5 のようになる．

この軌道を電子雲で表現すると，図 2.6 の左側に示したように正四面体構造をとる．メタンの構造を図 2.6 に参考までに示している．

b. sp^2 混成軌道

炭素化合物には，二重結合を含むものがある．炭素原子と炭素原子との間のこの二重結合は，sp^2 混成軌道により説明される．

炭素原子の電子配置が，2s 軌道にある 2 個の電子のうち 1 個が $2p_z$ の軌道に励起され，次いで 2s，$2p_x$ ならびに $2p_y$ 軌道にあるそれぞれ 1 個の電子，合わせて 3 個の電子が混成して sp^2 混成軌道を形成する．それを例示すると，図 2.7 のようになる．

上記の sp^2 混成軌道を電子雲で表すと，図 2.8 に示したように互いに 120°をなして交差する．

二重結合を含む代表的な有機化合物として，エチレンが知られている．エチレンは図 2.9 のように平面構造をとる．炭素原子と炭素原子の間の二重結合は混成にかかわらず p_z 軌道に存在する電子により形成される π 結合により固定されて

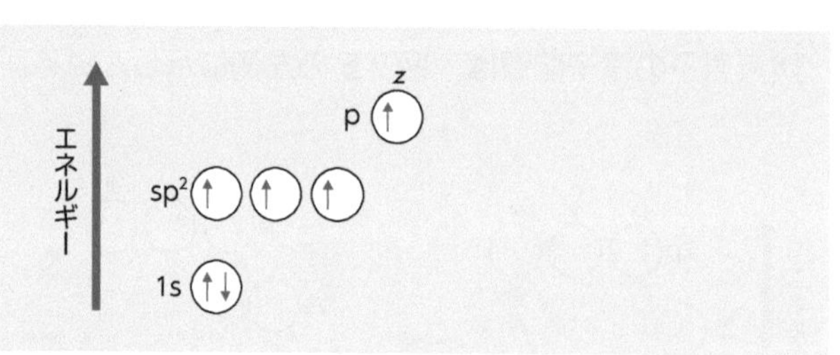

図2.7 炭素原子のsp² 混成軌道

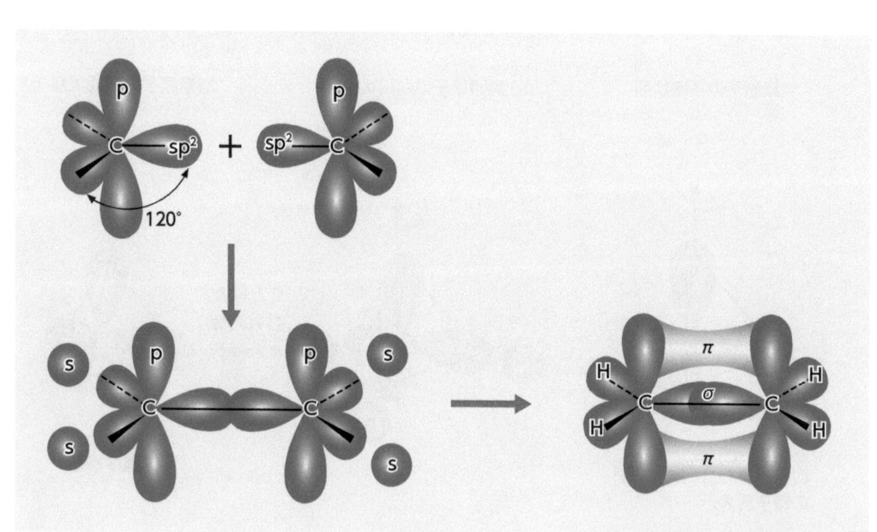

図2.8 電子雲表示による炭素原子の sp² 混成軌道と炭素二重結合の生成
エチレン（IUPAC名：エテン，$CH_2{=}CH_2$）を例として表示している．

図2.9 エチレンの平面構造

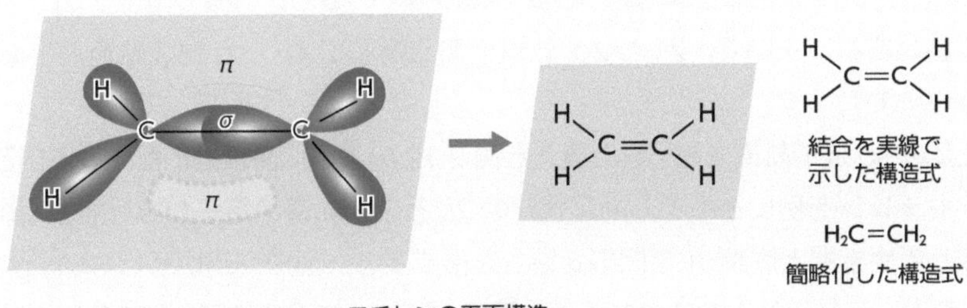

図2.10 2-ブテン(C_4H_8)における幾何異性体

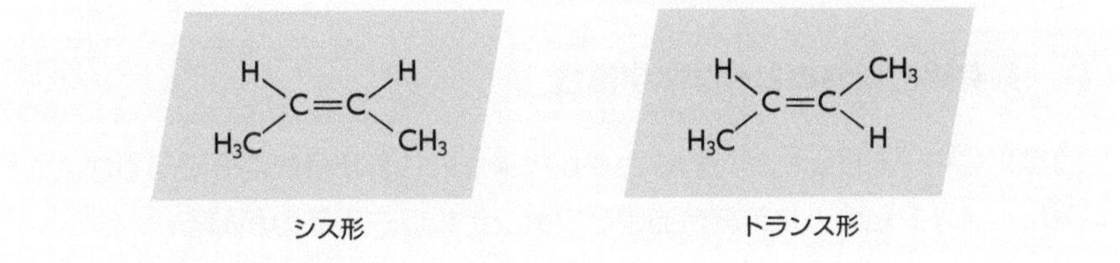

いるため自由に回転しないので，官能基によりシス形およびトランス形の2つの幾何異性体が出現する(図 2.10，3.1B 項参照).

c. sp 混成軌道

多くの有機化合物のなかには，単結合および二重結合のほかに三重結合をもつ化合物が存在している．炭素間の三重結合は，sp 混成軌道により説明されている.

図2.11 炭素原子の sp 混成軌道
アセチレン(IUPAC名：エチン，CH≡CH)の構造を考えると，このように sp^3 混成でなくて sp混成と考えざるをえない.

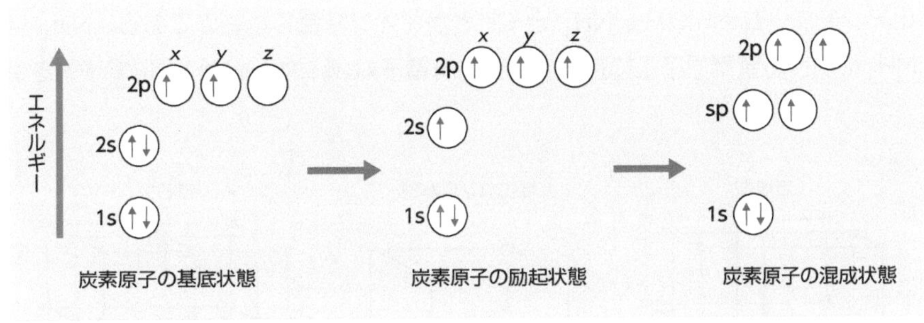

図2.12 アセチレンの直線状構造

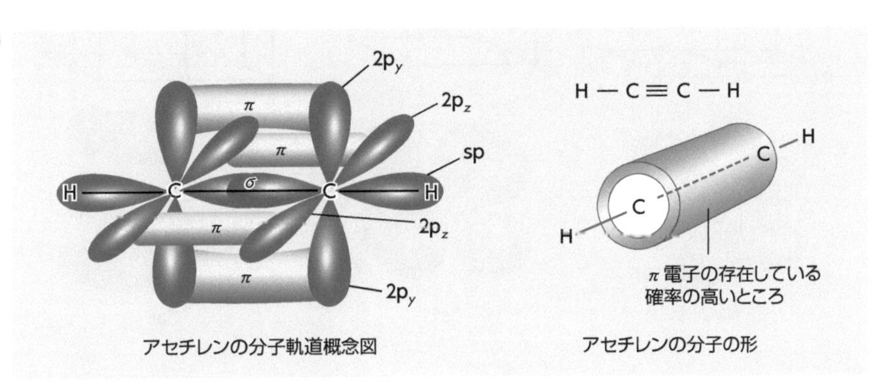

すなわち，炭素原子の 2s 軌道にある 2 個の電子のうち，1 個の電子が $2p_z$ の軌道に励起され，次いで，2s と $2p_x$ 軌道にある電子により sp 混成軌道が形成される(図 2.11)．

上記の sp 混成軌道を電子雲で表すと図 2.12 のように直線的に配向している．

アセチレンを例にとると，励起状態の 2s と $2p_x$ 軌道の電子が SP 混成軌道を形成して炭素間と炭素-水素間の σ 結合を形成する．混成に用いられない $2p_y$ と $2p_z$ 軌道にそれぞれ 1 つずつある不対電子が残り，結果的に互いに 90°に交差する不対電子の軌道ができる．これら 4 つの不対電子は π 結合を形成し，でき上がった分子の形は直線状になる(図 2.12)．

D. 共有結合以外のおもな化学結合

有機化合物における化学結合は上述したように共有結合が中心であるが，それ以外に，イオン結合，水素結合およびファンデルワールス力がある．

a. イオン結合

陽イオンと陰イオンとの間の静電気的な引力(クーロン力)で引き合ってできる結合は，イオン結合という．イオン結合がしやすいのは，電子授受が少なくてすむような価電子の少ない金属元素(第 1 族と第 2 族の元素)と価電子の多い非金属元素との間である．代表的な物質としては，食塩(塩化ナトリウム，NaCl)がある．食塩においては，Na^+と Cl^-がイオン結合している．図 2.13 には NaCl，塩化セシウム(CsCl)およびフッ化カルシウム(CaF_2)の結晶構造を示している．また，塩化アンモニウム(NH_4Cl)も，NH_4^+と Cl^-とがイオン結合したものである．NH_4^+は，NH_3 における窒素原子上に存在する非共有電子対(孤立電子対)が H^+に電子対を供

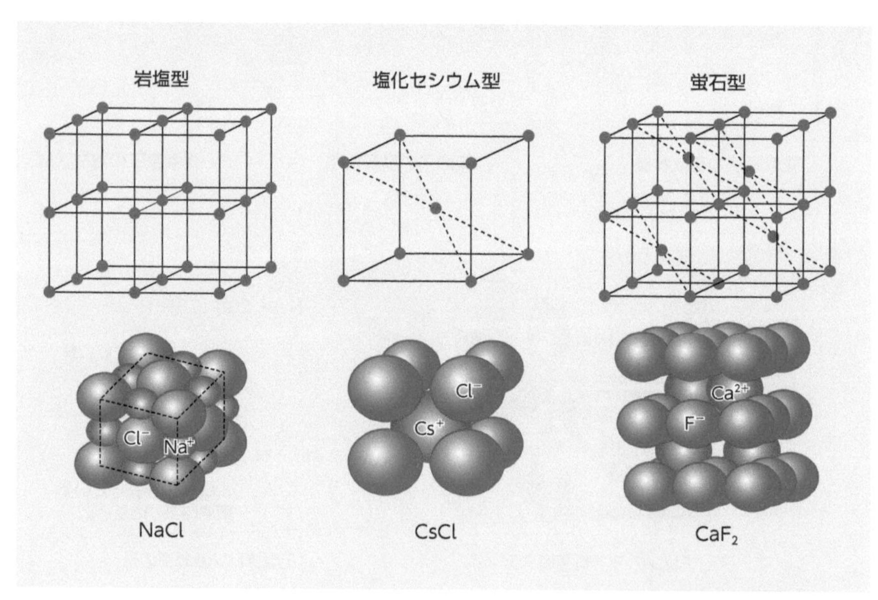

図2.13 イオン結合する結晶(イオン結晶)の例
●：陽イオン
●：陰イオン

図2.14　アンモニア(NH_3)の構造

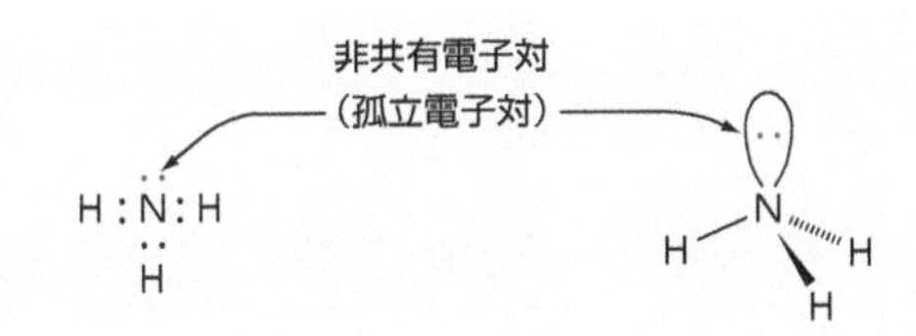

与して生成したものである(図 2.14)．非共有電子対の供与によって生成する結合は配位結合という．

図 2.13 において，たとえば NaCl の結晶構造は，陽・陰両イオンが規則的な配置をとり，全体として Na^+と Cl^-は 1：1 の比率で結合していることを示している．イオン結合は陽イオンと陰イオンが強く結合しているので，イオン結晶は一般に融点・沸点は高い．また，水に溶けやすく，水に溶解すると，陽イオンと陰イオンに分かれ，電気を通す．

上述のイオン結合は無機化合物の場合を示しているが，有機化合物においてもイオン結合は存在している．典型的な例としては，酢酸ナトリウム(CH_3COONa)や塩化エチルアミン($C_2H_5NH_3Cl$)がある．酢酸ナトリウムは酢酸(CH_3COOH)と NaOH との中和反応により生成した塩であり，CH_3COO^-と Na^+とがイオン結合したものである．また，塩化エチルアミンにおいては，$C_2H_5NH_3^+$と Cl^-とがイオン結合している．このように，カルボキシ基（-COOH）やアミノ基($-NH_2$)などを含む有機化合物においてはイオン結合が存在し，それらの化合物に特有の性質を付与している．

b. 水素結合

水はいろいろな物質を溶解する性質がある．このような水の特有な性質は，水を構成している水素と酸素原子の性質によるものである．酸素原子の電気陰性度は水素原子のそれより大きく，そのため，水素原子と酸素原子との間の σ 結合を形成している共有電子対は酸素原子側に引き寄せられている．その結果，酸素原子のまわりは電子密度が大きくなり，負電荷の性質を帯びてくる．一方，水素原子は逆に電子密度が小さくなり，正電荷の性質を帯びてくる．この水分子の状態を「分極した」状態という(図 2.15)．このような状態の水分子間には，互いの酸

図2.15　水分子(H_2O)の構造と水素結合

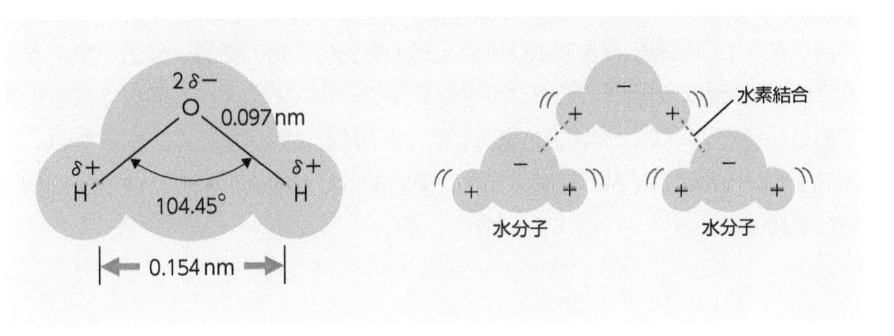

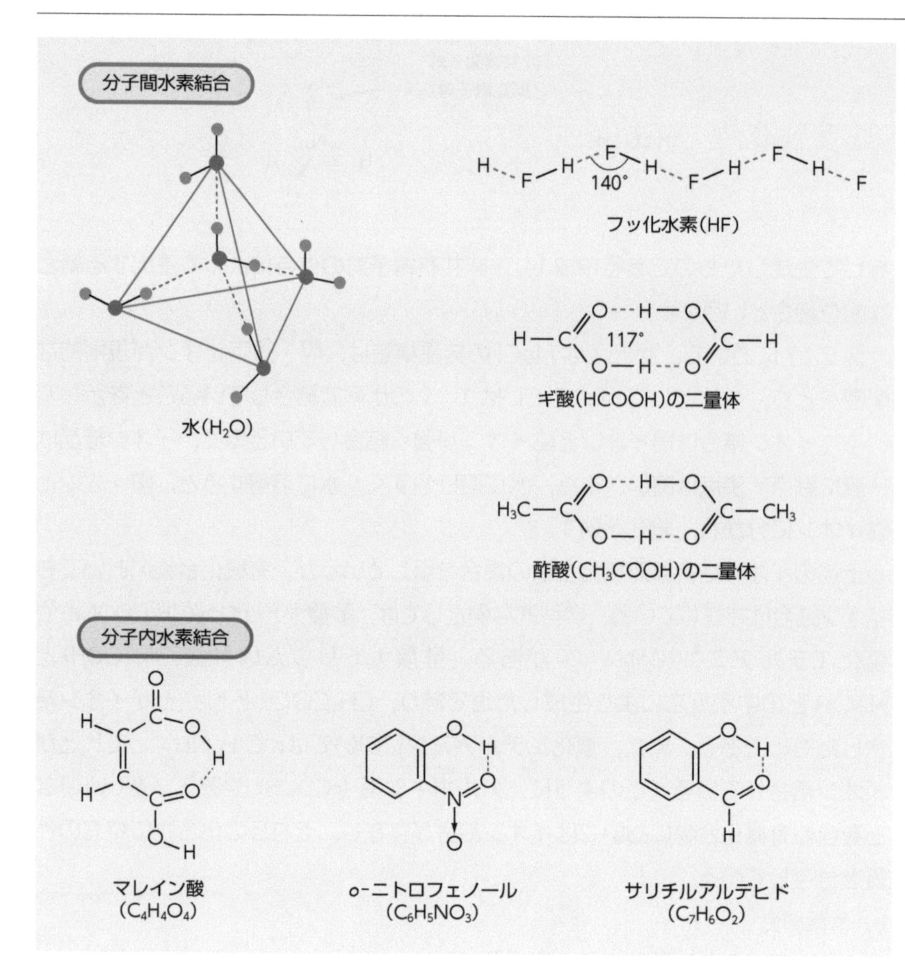

図2.16　分子間および分子内水素結合の例
●：O（酸素）
●：H（水素）
------：水素結合
——：共有結合

素原子と水素原子の間に新たな結合が生じる．この結合を水素結合という．一般に，-OH，-COOH，$-NH_2$ を含む分子は水素結合をつくりやすい．また，ギ酸や酢酸をベンゼンに溶解したとき，水素結合により二量体をつくる．これらの水素結合は分子間水素結合という(図 2.16)．このほか，図 2.16 に示したように，分子内でも水素結合が形成される場合がある．

c. ファンデルワールス力

ファンデルワールス力は，分子間にはたらく弱い力の一種である．二酸化炭素やヨウ素などの無機化合物およびほとんどの有機化合物の結晶は分子が集まってできた分子結晶であるが，これはファンデルワールス力によって形成されたものである．分子間にはたらく力は弱いので，分子結晶は融点が低く，軟らかい．ファンデルワールス力は共有結合，イオン結合および水素結合より，はるかに弱い結合である．

(　　)に入る適切な語句を答えなさい.

①二重結合はσ結合１つとπ結合(　　)つからなる.

②陽イオンと陰イオンとの間の静電気的な引力(クーロン力)で引き合っている結合は,(　　)結合という.

③一般に,-OH,-COOH,$-NH_2$を含む分子は(　　)結合をつくりやすい.

基礎編

3. 有機化合物の立体化学

ルイ・パスツール（1822 ～ 1895）
フランス出身の科学者．狂犬病ワクチンや低温殺菌法の開発のほか，酒石酸アンモニウムナトリウムの２種類の鏡像関係にある結晶の分割から，分子非対称を発見し，立体化学の基礎を築いた．

3.1 異性体

同じ分子式をもっているが，化学構造や物理的性質が一致しない分子を互いに**異性体**という．異性体は**構造異性体**と**立体異性体**に大別され，立体異性体は，さらに**幾何異性体**および**鏡像異性体**（エナンチオマー）に分類される（図 3.1）．

A. 構造異性体

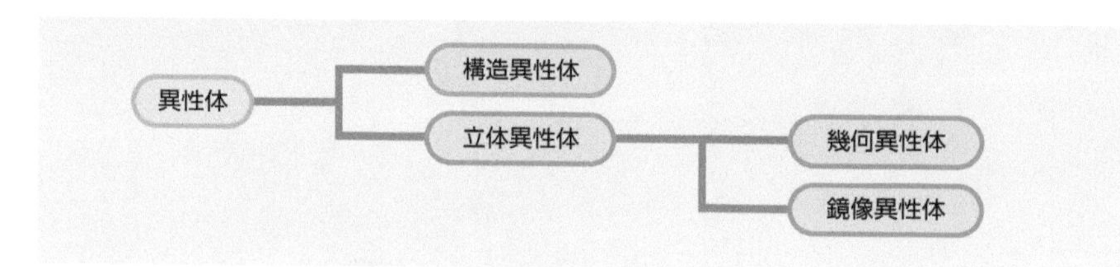

図3.1 異性体の種類

C_2H_6Oの構造異性体

エタノール（CH_3CH_2OH）

ジメチルエーテル（CH_3OCH_3）

C_3H_6Oの構造異性体

CH_3CCH_3（=O） アセトン

$CH_3CH=CHOH$ 1-プロペン-1-オール

$CH_2=CHOCH_3$ エテニルメチルエーテル

CH_3CH_2CH（=O） プロパナール

$CH_2=CHCH_2OH$ 2-プロペン-1-オール

$CH_2=C(OH)CH_3$ 1-プロペン-2-オール

1,2-エポキシプロパン

シクロプロパノール

オキセタン

図3.2 構造異性体

構造異性体は，それぞれ分子中の原子のつながり方が異なっている関係をいう．たとえば，同じ分子式 C_2H_6O のエタノールとジメチルエーテルは，それぞれ原子のつながり方が異なっている．エタノールの分子中の酸素(O)は炭素(C)と水素(H)に結合しているが，ジメチルエーテルの分子中の酸素は 2 つの炭素と結合している．また炭素が 1 つ多い分子式 C_3H_6O の場合は，構造異性体として図 3.2 の 9 種類がある．

B. 立体異性体

立体異性体は，分子中の原子の空間的な位置だけが異なっているもので，容易に相互変換しない異なる化合物であるために，それらは分離可能である．立体異性体には**幾何異性体**と**鏡像異性体**がある．

a. 幾何異性体

通常二重結合の周辺は平面構造をとっており，**幾何異性体**は炭素-炭素二重結合のまわりの回転が制限されることにより生じる異性体である(図 3.3)．

鎖式不飽和炭化水素(アルケン)の 2-ペンテン($CH_3CH{=}CHCH_2CH_3$)は，二重結合を挟んで同じ側に同一の置換基*(水素)が存在している**シス異性体**と，二重結合を挟んで反対側に同一の置換基(水素)が存在している**トランス異性体**が存在する(図 3.4)．図 3.2 の C_3H_6O の構造異性体のうち，$CH_3CH{=}CHOH$ には，実は図 3.4 に示すようにシス，トランスの幾何異性体が存在する．しかし，アルケンのすべてに幾何異性体が存在するのではなく，炭素-炭素二重結合の一方の炭素に

* 有機化合物中の水素原子と置き換わった原子や原子団．

図3.3 幾何異性体の存在
R は置換基を表す．

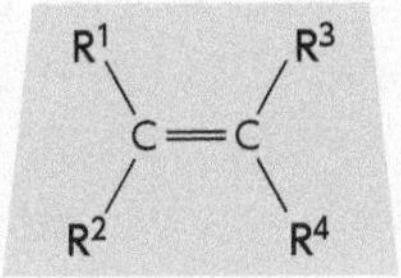

図3.4 シス，トランス異性体の例

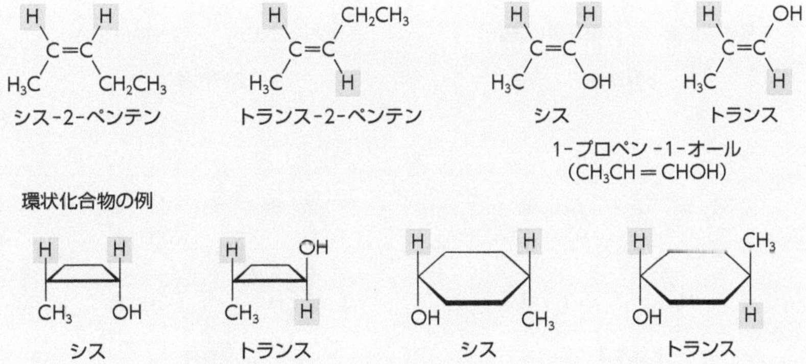

シス-2-ペンテン　トランス-2-ペンテン　シス　トランス
1-プロペン-1-オール ($CH_3CH{=}CHOH$)

環状化合物の例

シス　トランス　シス　トランス

同一置換基が結合している場合は，その化合物には幾何異性体は存在しない．一方，図 3.4 に示しているように，環状化合物についてもシス，トランスの幾何異性体が存在する．シス異性体は，同一の置換基が互いに環の同じ側にあり，トランス異性体は同一の置換基が互いに環の反対側にある．

二重結合の 2 つの炭素原子にそれぞれ 1 つずつ置換基が結合している二置換アルケンの 2-ブテン（$CH_3CH=CHCH_3$）の幾何異性体の場合，2 つの置換基が同じ側の場合あるいは反対側の場合で，シス，トランスと区別ができるが，三置換体や四置換体の幾何異性についてはシス，トランスでは区別ができない．この場合，二重結合に関与している 2 つの炭素を別々に考えて，それぞれの炭素に結合している置換基のうち，どちらの優先順位が高いかを順位則により決める．優先順位が高い置換基が二重結合の同じ側にある場合を *Z*（ドイツ語 zusammen，一緒）と表記し，優先順位の高い置換基が二重結合の反対側にある場合を *E*（ドイツ語 entgegen，反対）と表記する（図 3.5）．

この順位則は考案者 3 人の名前をつけて**カーン-インゴールド-プレローグの順位則**という．概要は以下のとおりである．

①二重結合に直接結合している原子の原子番号が大きいほど，その置換基の優先順位が高い（図 3.6）．一般的な置換基は Br ＞ Cl ＞ O ＞ N ＞ C ＞ H の順になる．

②二重結合に直接結合している原子の原子番号が同じ原子で始まる場合，その原子の外側に派生した先の原子の原子番号を比較し，違いが見られるまで外側へ向かって比較する．

図 3.7（d）の置換基 $-CH(CH_3)NH_2$ と $-CH_2Cl$ を比較すると，最初の炭素に

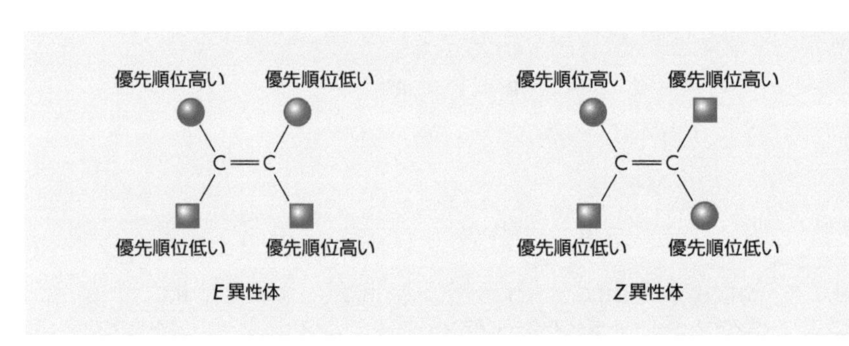

図 3.5　*E* 異性体と *Z* 異性体

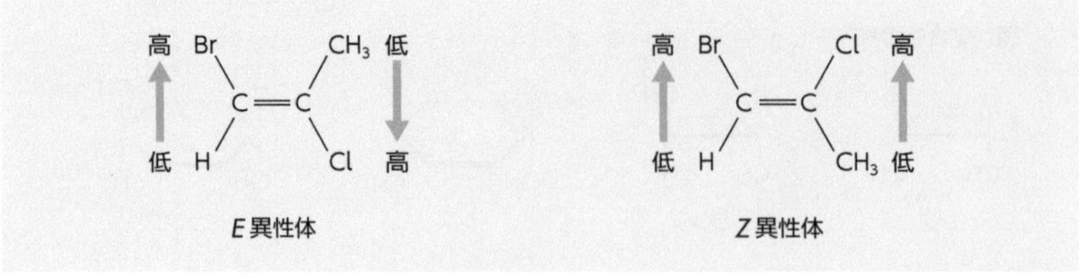

高 Br　CH_3 低
C＝C
低 H　Cl 高
E 異性体

高 Br　Cl 高
C＝C
低 H　CH_3 低
Z 異性体

図3.6　二重結合に直接原子が結合している場合の優先順位

図3.7　二重結合に同じ原子が結合している場合の優先順位

⌇はC=Cを示す.

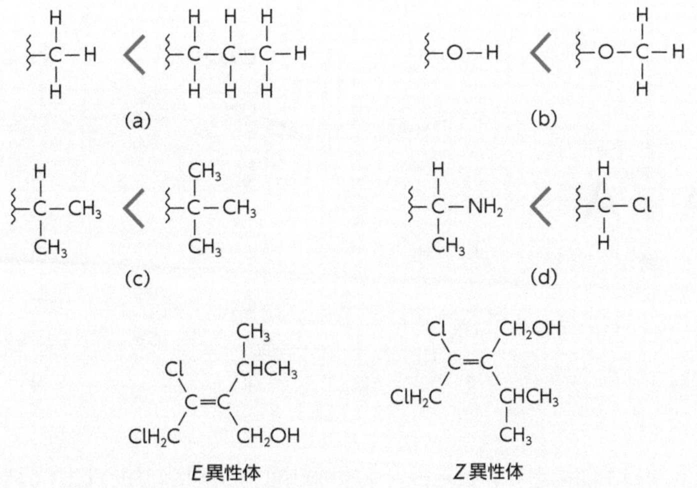

図3.8　置換基が二重結合を含む場合の優先順位

≡は相当する. 見做(みな)すという意味.

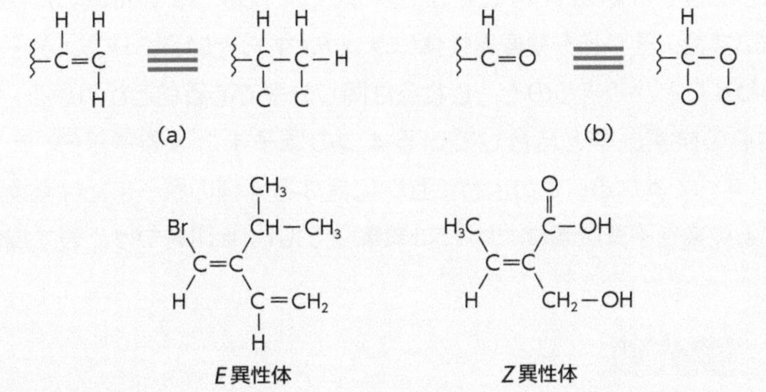

結合している置換基，すなわち，前者ではH，CH_3，NH_2，後者ではH，H，Cl であるが，これらのうち Cl が最大の原子番号をもっているので，$-CH_2Cl$ のほうが $-CH(CH_3)NH_2$ より優先順位が高い．この場合，炭素に結合している3つの原子の原子番号を足し合わせないように注意し，最大の原子番号をもった1つの原子のみを優先性の対象とする．

③原子同士が二重結合で結合している場合，相手の原子にそれぞれ単結合しているとして考える(図3.8)．

b. 鏡像異性体

右手を鏡に映してみると，左手と同じに見える．左手も同様に鏡に映すと右手に見える．このように両者は鏡像関係にあり，互いに重ね合わすことができない．また文字Aのように，それ自身が対称のものは鏡に映しても同じに見え，互いに重ね合わすことができる．

図3.9右の4つの分子 ***1*** ～ ***4*** を見てみよう．実線は平面内の結合，くさび形

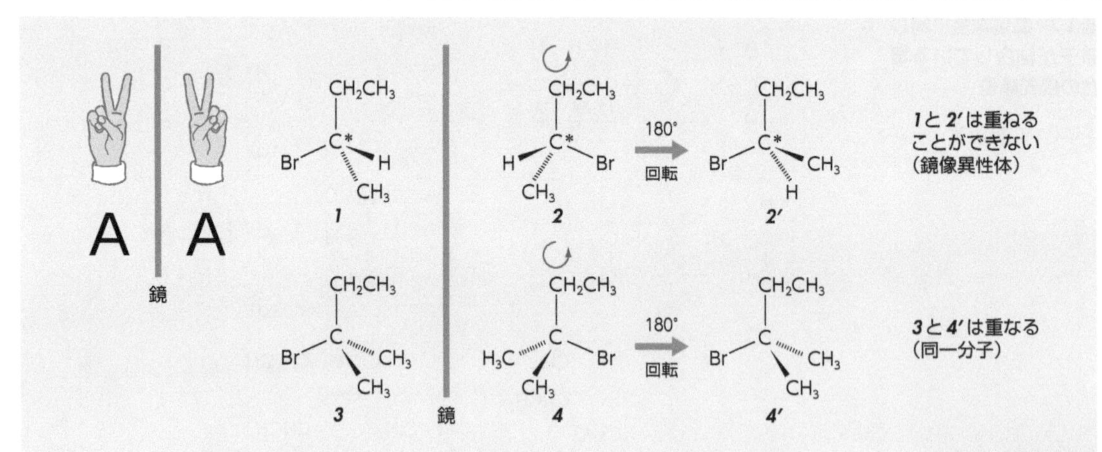

図3.9 鏡像異性体と同一分子の例
— 平面内の結合
▬ 手前に出ている結合
┅ 奥に向かう結合
＊ 不斉炭素を表す

の線は紙面から手前に出ている結合，点線は紙面から奥に向かっている結合である．4つの分子中の$C-CH_2CH_3$結合を軸として180°回転させても，分子***1***と***2***はどのようにしても重ね合わすことができない．このように鏡に映した像が重なり合わない場合，それらを**鏡像異性体**（**エナンチオマー**）という．一方，分子***3***と***4***は重ね合わすことができるので，これらは同じ分子であることがわかる．分子***1***と***2***の中心の炭素原子と結合している4つの原子または置換基（H，Br，CH_3，CH_2CH_3）はすべて異なる．このように互いに異なる4種の原子または置換基が結合している炭素を**不斉炭素**（ふせい）（または**キラル炭素**）といい，＊印をつけて表す場合がある．

3.2 旋光性

鏡像異性体は互いに，沸点，融点，溶解度などの物理的性質はまったく違いがない．しかし，光学的な性質の平面偏光の回転，すなわち旋光性のみが異なる．

A. 偏光

光は電磁波の一種で，振動数と波長をもち，特定の振動面で振動している．通常の光はすべての方向に振動しているが，偏光子を通過した光は，特定の振動面をもち，**偏光**という．

B. 旋光

鏡像異性体AとBがあるとする．ある一定濃度の異性体Aが入った試料管に，偏光が通過すると偏光面が回転する（図3.10）．このように偏光が回転することを**旋光**といい，振動面が回転した角度αを**旋光度**という．異性体Aがαの角度で

図3.10 旋光

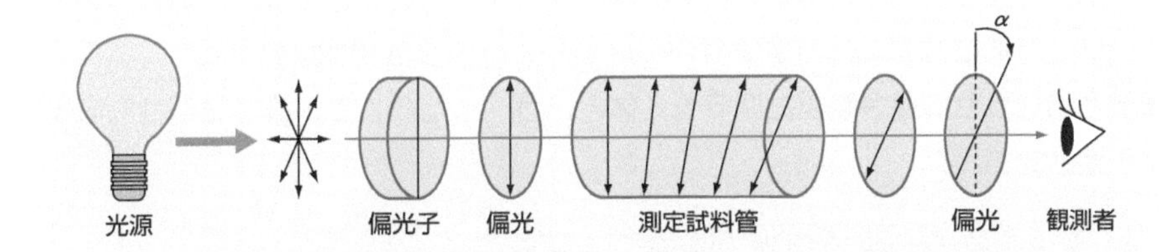

回転した場合，同じ試料濃度の異性体Bは異性体Aとは反対方向に同じαの角度($-\alpha$)だけ回転する．このように旋光を示す化合物を**光学活性化合物**という．

C. 比旋光度

光学活性化合物は固有の旋光度を有する．その旋光度は分子の数に比例する．したがって，正確な旋光度は試料の濃度と試料が通過する(試料管)長さの両方に比例する．すなわち濃度を2倍にすれば，旋光度も2倍になり，同様に試料管の長さを2倍にすれば，旋光度も2倍になる．また，測定温度や光源の波長にも依存する．波長(ナトリウムD線，589 nm，高速道路トンネルの黄色いランプ)，試料管の長さl(1 dm = 10 cm)，試料濃度C(1 g/mL)で観測される旋光度を**比旋光度**($[\alpha]_D$)と定義する．

$$[\alpha]_D = \frac{\text{実測値 } \alpha}{\text{試料管の長さ } l\,(\text{dm}) \times \text{試料濃度 } C\,(\text{g/mL})}$$

たとえば，2種の光学活性体を有する乳酸($CH_3CH(OH)COOH$)の比旋光度を測定すると，一方の鏡像異性体は+3.33°，もう一方は−3.33°を示す．比旋光度が正の値を示すものは，偏光を時計回りに回転させ，**右旋性**(ラテン語 *dextro*（デキストロ），右へ)といい，化合物名の前に(+)をつけて表示する．一方，比旋光度が負の値を示すものは，偏光を反時計回りに回転させ，**左旋性**(ラテン語 *levo*（レボ），左へ)といい，化合物名の前に(−)をつけて表示する．乳酸の場合は，比旋光度が+3.33°を示すものを(+)-乳酸，−3.33°を示すものを(−)-乳酸と表記する．(+)および(−)の代わりに，*dextro*と*levo*の接頭語である*d*と*l*が使われることもある(図3.11)．

図3.11 乳酸($CH_3CH(OH)COOH$)の鏡像異性体

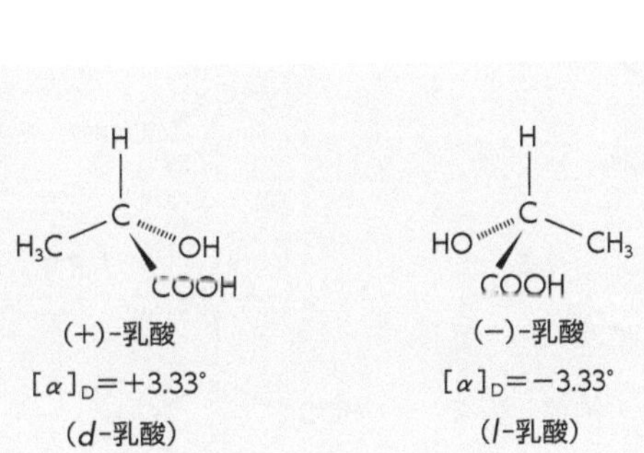

H, H_3C, C, OH, COOH
(+)-乳酸
$[\alpha]_D = +3.33°$
(d-乳酸)

H, HO, C, CH_3, COOH
(−)-乳酸
$[\alpha]_D = -3.33°$
(l-乳酸)

鏡像異性体の(＋)- および(－)- 体の両者を等量ずつ混合すると，偏光の回転方向は打ち消されて，旋光度はゼロになる．このような鏡像異性体の 1：1 の等量混合物を**ラセミ混合物**または**ラセミ体**という．したがって，ラセミ混合物は光学不活性である．

3.3 鏡像異性体の表記および命名

A. 鏡像異性体の表記

複雑な光学活性化合物の構造は，三次元の**透視式**で表記すると煩雑になるので，より簡略化した構造式で表記することが望ましい．そこで，**フィッシャー投影式**が考えられた．この簡便な表記方法は，1890 年代後半にエミール・フィッシャーによって考案された．フィッシャー投影式では，不斉炭素を 2 本の交線で表し，横線は紙面の手前に突き出している結合を，縦線は紙面の奥側に伸びている

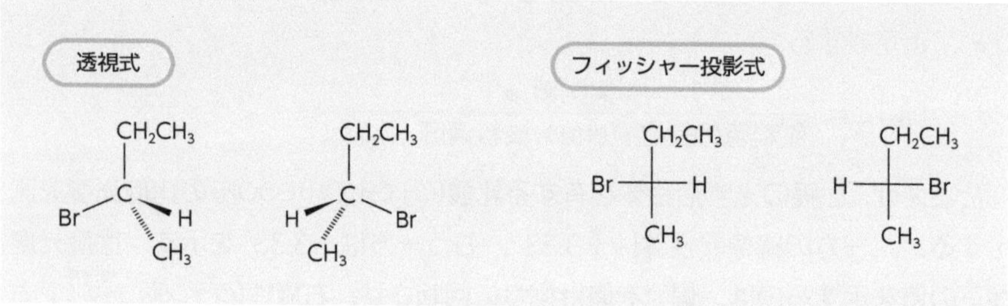

図3.12　透視式とフィッシャー投影式(2-ブロモブタン)

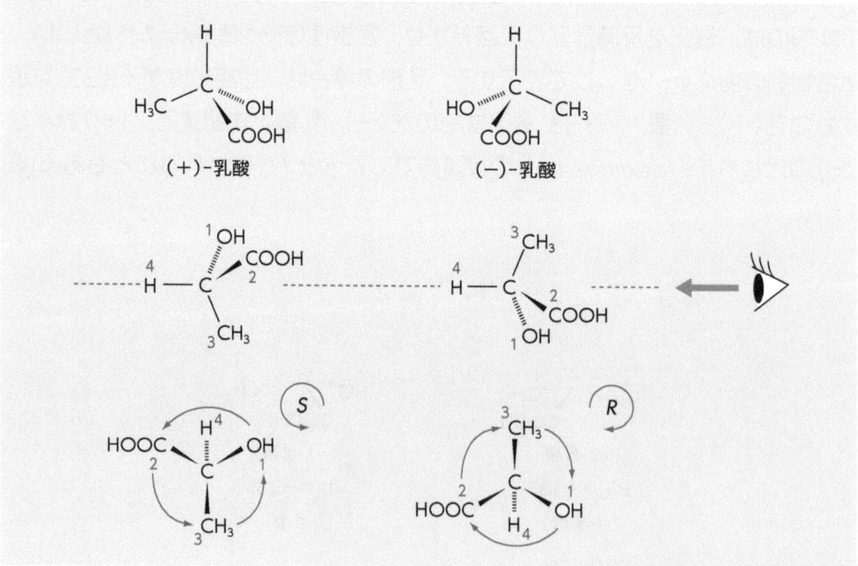

図 3.13　乳酸の *S* 配置と *R* 配置
この場合，(＋)- 乳酸は *S* 配置，(－)- 乳酸は *R* 配置となる．

結合を表す(図 3.12).

B.　鏡像異性体の命名

対象となっている鏡像異性体がどちらの立体異性体なのかを明示するために，個々の異性体に対応する名前をつける必要がある．つまり不斉炭素に結合している原子の**立体配置**を表記する命名が必要である．立体配置を規定する方法は，まず前述のカーン-インゴールド-プレローグの順位則にしたがって，不斉炭素に結合している 4 つの原子または置換基の優先順位を決める．優先順位の最も低い原子あるいは置換基を観測者から最も遠ざかる位置，奥へ向ける．その状態で優先順位の高い順(1 → 2 → 3)が，右回りならその立体配置は ***R* 配置**(ラテン語 *rectus*(レクタス)，右)，左回りなら立体配置は ***S* 配置**(ラテン語 *sinister*(シニスター)，左)をもつという(図 3.13)．なお，*R*，*S* と(+)，(−)または *d*，*l* とは関連性はなく，対応しないことを付け加えておく．

3.4　複数の不斉炭素を有する異性体

A.　ジアステレオマー

不斉炭素を複数もつ有機化合物は数多く存在する．必須アミノ酸のトレオニン(スレオニン，$CH_3CH(OH)CH(NH_2)COOH$)を例にあげる．トレオニンは 2 位と 3 位に 2 個の不斉炭素をもち，4 つの可能な立体異性体が存在する．その 4 つの立体異性体は 2 組の鏡像異性体からなることがわかる．すなわち図 3.14 の ***5*** の鏡像異性体は ***6*** で，***7*** の鏡像異性体は ***8*** である．しかし，***5*** と ***7*** または ***8***，および ***6*** と ***7*** または ***8*** は，それぞれ鏡像関係にない．このような立体異性体を**ジアステレオマー**という．炭素の配置と *R* と *S* により 2*S*, 3*R* 体などと表現する．

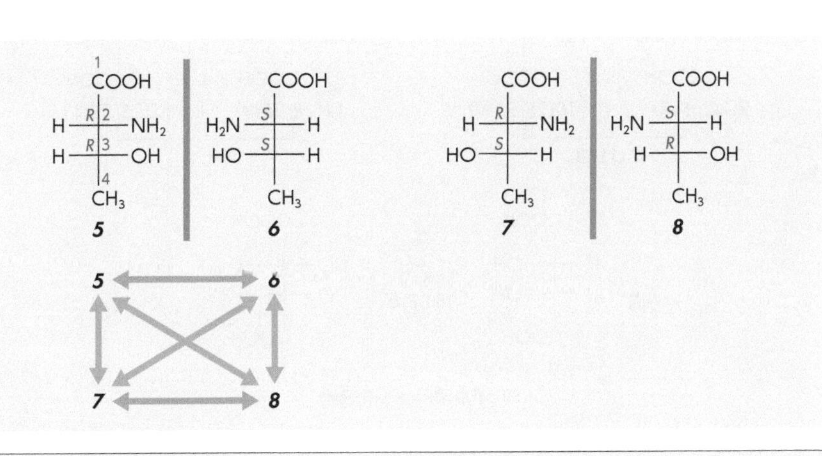

図3.14　トレオニンのジアステレオマー
↔ 鏡像異性体(エナンチオマー)
↔ ジアステレオマー

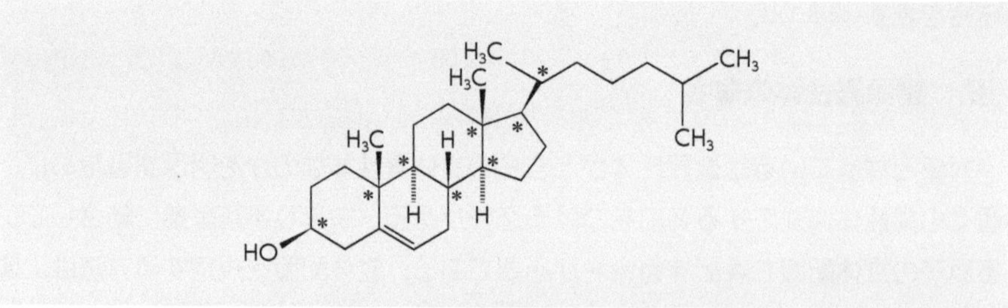

図3.15　コレステロール($C_{27}H_{46}O$)の構造

分子中に1個の不斉炭素がある場合は2種の異性体が存在し，不斉炭素が2個の場合は最大4つの異性体が存在する．n個の不斉炭素がある場合は最大2^n個の異性体が存在することになる．たとえばコレステロール($C_{27}H_{46}O$)は分子中に8個の不斉炭素を有し，最大2^8=256個の立体異性体の存在が可能である(図3.15)．しかし，天然には1つだけが存在している．前述のトレオニンの場合も4つの立体異性体のうち***8***(2*S*, 3*R*体)のみが，植物・動物中に存在し，ヒトの必須の栄養素である．このように，複数の立体異性体が考えられる化合物でも，一般に天然では1つの立体異性体として存在している場合がほとんどで，それらは生物学的に重要な役割を果たすものが多い．

B.　エリトロ形，トレオ形，メソ化合物

2つの不斉炭素が隣接した立体異性体をフィッシャー投影式で表した場合，炭素鎖の同じ側に類似の置換基がある場合，その異性体を**エリトロ**形，一方，類似の置換基が炭素鎖の反対側にある場合を**トレオ**形という．たとえば，酒石酸(2,3-ジヒドロキシブタン二酸，HOOCCH(OH)CH(OH)COOH)の場合，図3.16に示したように***9***(2*R*, 3*S*体)と***10***(2*S*, 3*R*体)はエリトロ形，***11***(2*R*, 3*R*体)と***12***(2*S*, 3*S*体)

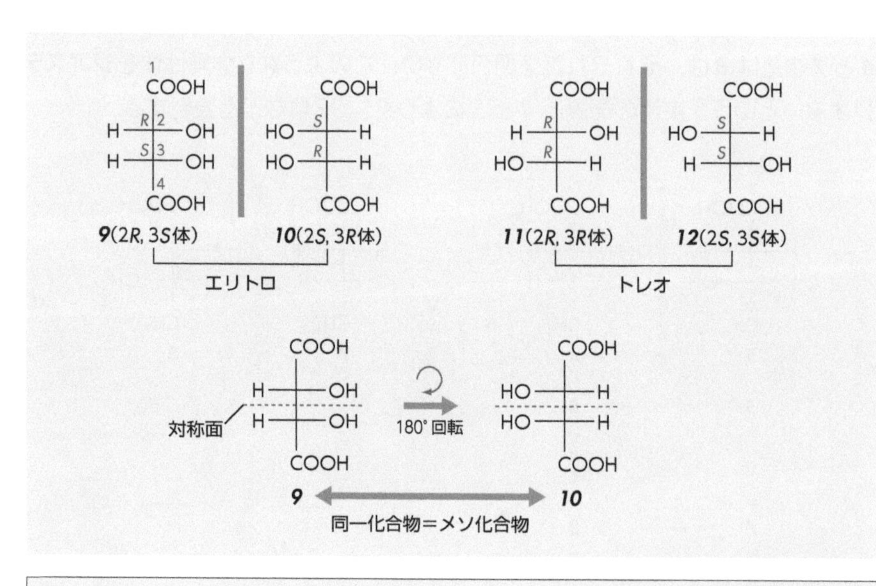

図3.16　酒石酸のエリトロ，トレオ，メソ化合物

図3.17　メソ化合物の例

表3.1 酒石酸の立体異性体の物性
［資料：Maryadele J O'Nei, *The Merck Index*, Royal Society of Chemistry（2013）］

立体異性体	融点（℃）	比旋光度（$[\alpha]_D$）	溶解度（g/100 g 水，20 ℃）
(2*R*, 3*S*)-酒石酸(**9**)	140	0	125
(2*R*, 3*R*)-(+)-酒石酸(**11**)	168～170	+12.0	139
(2*S*, 3*S*)-(−)-酒石酸(**12**)	168～170	−12.0	139
(±)-酒石酸	206	0	20.6

はトレオ形となる．**9** と **10** の関係と **11** と **12** の関係は前述のように鏡像異性体であることがわかるが，よく見ると **9** と **10** は，同一化合物である．すなわち **11** を 180° 回転しても **12** にはならないが，**9** を 180° 回転すると，**10** になる．これは分子の中に対称面があるからである．**9** と **10** の場合は，2 位と 3 位の間に対称面がある．2 個の不斉炭素があるにもかかわらず，分子内に対称面をもつために，それ自身は光学不活性になる．このような化合物を**メソ化合物**という．したがって，酒石酸には 2 つの鏡像異性体と 1 つのメソ化合物の計 3 つの立体異性体が存在する．図 3.17 にメソ化合物の例を示す．

酒石酸の 3 種の異性体の物性を表 3.1 に示しているが，メソ化合物(**9**)は，**11** または **12** とジアステレオマーの関係にあり，鏡像異性体(**11** と **12**)の物性は同じであるが，ジアステレオマー間では異なる．またラセミ混合物の(±)-酒石酸の物性は，鏡像異性体とは異なる．

3.5　立体配置と立体配座

A.　鎖式飽和炭化水素（アルカン）の立体配座

ここまでは，おもに炭素原子上の立体関係，すなわち**立体配置**について述べてきたが，ここでは原子間の単結合を回転することにより，原子に結合している置換基の相対的な立体関係の**立体配座**について解説する．

ブタン（$CH_3CH_2CH_2CH_3$）を今までに描いてきた透視式とフィッシャー投影式に加えて，**ニューマン投影式**で描いてみると図 3.18 のようになる．ニューマン投影式は特定の炭素-炭素単結合（ブタンの場合は 2 位と 3 位の結合）に沿って，それぞ

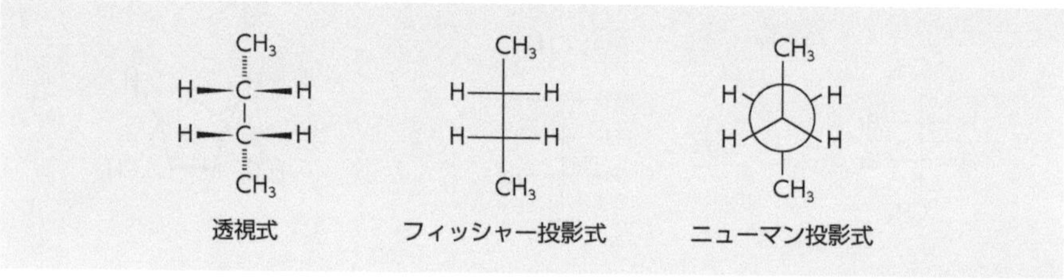

図3.18　ブタンの透視式および投影式

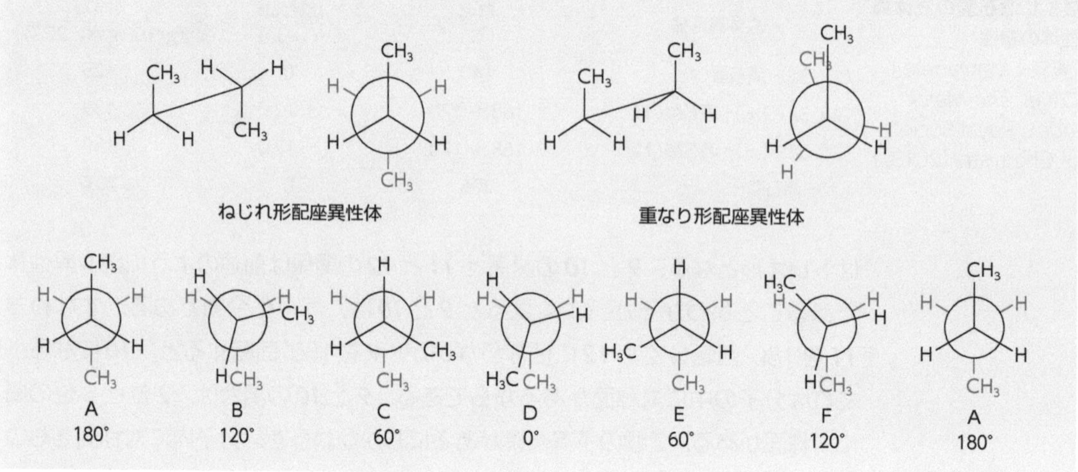

図3.19　ブタンのねじれ形および重なり形配座

れ結合している3つの原子または置換基を紙面上に投影して表す方法である．手前の炭素は交点で表し，後方の炭素は円で表す．炭素の3つの結合はそれぞれ120°に開いている．単結合のまわりの回転の様子を表すには，この ニューマン投影式が好都合である．

ブタンの2位と3位の炭素-炭素結合軸を中心に，2位の炭素を固定して3位の炭素を60°ずつ回転させると，ねじれ形と重なり形とが交互に現れ，それらはそれぞれ**ねじれ形配座異性体**および**重なり形配座異性体**という．図3.19に示すように，ねじれ形配座異性体のなかでも，1位と4位のメチル基（$-CH_3$）相互の二面角が180°である場合（A），立体障害が最も小さく安定で，**アンチ形配座異性体**といい，残りのねじれ形配座（C，E）を**ゴーシュ形配座異性体**という．重なり形配座異性体でも，メチル基の二面角が0°の異性体（D）が最も不安定で，二面角が120°の他の異性体（B，F）はやや不安定である．

B.　環状飽和炭化水素の立体配座

環状化合物は，小さな三員環のシクロプロパン（C_3H_6）から十員環以上の大環状化合物までさまざまなものが知られている（図3.20）が，天然において，最も多く存在している環状化合物は六員環を含んでいるものである．ここではシクロヘキサンを例に，その立体配座について述べる．

シクロプロパン
(C_3H_6)

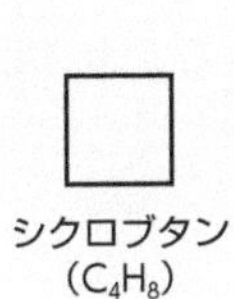
シクロブタン
(C_4H_8)

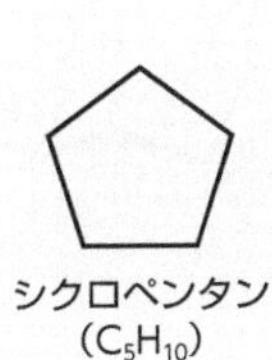
シクロペンタン
(C_5H_{10})

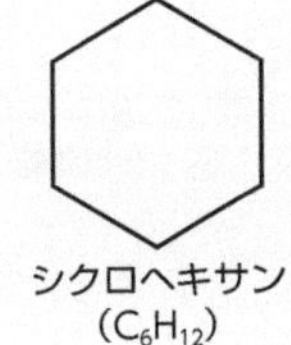
シクロヘキサン
(C_6H_{12})

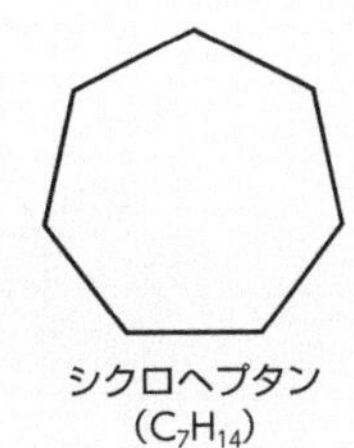
シクロヘプタン
(C_7H_{14})

図3.20 環状化合物
五員環は とも表記される.

シクロヘキサン(C_6H_{12})は実際には平面分子ではなく，それぞれの炭素の結合角が正四面体型の理想的な 109.5°に近く，すべての隣接する結合はねじれ形をとっているために，安定な分子となっている．このような立体配座を**いす形立体配座**という．一方，シクロヘキサンは**舟形立体配座**もとりうる．これは分子中のいくつかの結合が重なり形を含み，このため舟形立体配座はいす形立体配座よりも不安定である．また舟形立体配座では水素同士が近接する箇所もあることによって不安定になり，立体的にひずみを生じる(図 3.21)．

シクロヘキサンは炭素-炭素結合の回転が容易であるために，いす形立体配座では**環回転**(フリップ)し，相互変換する．すなわち 1 位の炭素が下方に動くと，4 位の炭素が上方に動き，それに伴って 2，6 位の炭素は上方に，3，5 位の炭素は下方に動く．

炭素-水素結合に注目すると，2 種類の結合が存在することがわかる．一方は環の上下に垂直に伸びている結合で，これを**アキシアル結合**といい，もう一方の環の外側に向いている結合を**エクアトリアル結合**という(図 3.22)．これら炭素上のアキシアル結合およびエクアトリアル結合は，環回転によってすべて交換されている．

シクロヘキサンの 2 つのいす形立体配座とは異なって，シクロヘキサンの炭素に 1 か所置換基が結合した一置換シクロヘキサンは等価ではない．たとえば

図3.21 シクロヘキサンの立体配座

いす形立体配座

近接

舟形立体配座

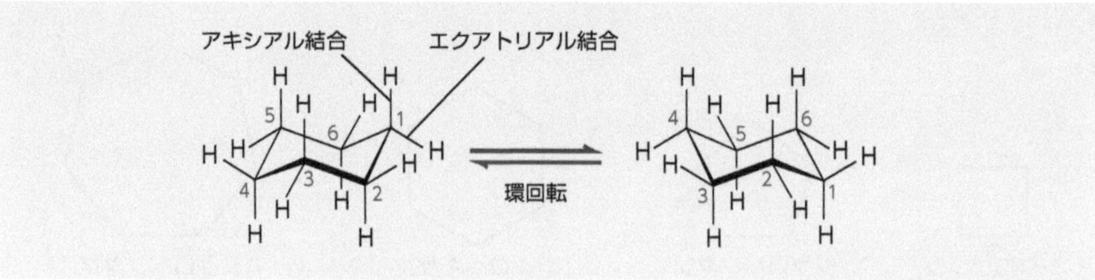

図3.22　アキシアル結合とエクアトリアル結合

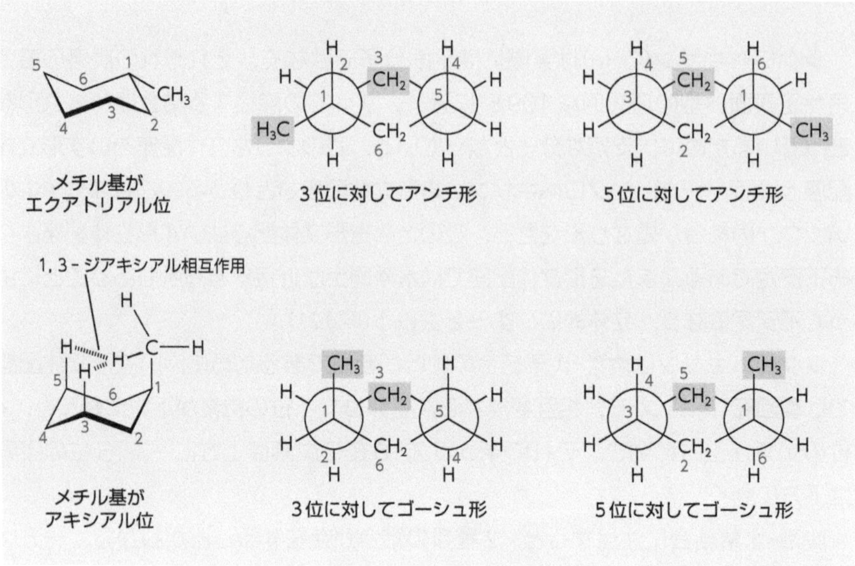

図3.23　メチルシクロヘキサン(C_7H_{14})の立体配座

メチルシクロヘキサンでは，一方のいす形立体配座ではメチル基(-CH_3)はエクアトリアル位にあるが，もう一方ではアキシアル位にある．この場合，メチル基がエクアトリアル位にあるほうが，アキシアル位にあるより安定である．ニューマン投影式でみると，メチル基がエクアトリアル位にある場合，1位のメチル基は3位と5位に対してアンチ形配座をとっているが，メチル基がアキシアル位にある場合は，それぞれゴーシュ形配座をとるので，メチル基がエクアトリアル位にあるほうが安定である(図3.23)．また，1位のメチル基がアキシアル位にある場合は，メチル基が3位と5位の水素と空間的に近接し，立体的に反発する．これらの不利な立体相互作用を，**1,3-ジアキシアル相互作用**(1,3-ジアキシアル反発)という．

3.6　食品成分の立体化学

私たちは食物をエネルギー源として，糖質，タンパク質，脂質をエネルギー産生栄養素(三大栄養素)として摂取し，生命活動を維持している．ここでは，これらエネルギー産生栄養素のなかでも，糖およびタンパク質の立体化学について触れる．

A. 糖の立体化学

糖は，グルコース（$C_6H_{12}O_6$）やフルクトース（$C_6H_{12}O_6$）など，それ以上小さな分子に加水分解されない**単糖**，スクロースのようにグルコースとフルクトースが結合した**二糖**，単糖が 3 つ結合した**三糖**，さらにデンプンやセルロースなど，グルコースが縮合重合*した**多糖**などに分類される．ここでは単糖の立体化学について述べる．

* 有機化合物から水，アルコール，アンモニアなどの簡単な分子が分離され，共有結合する反応（縮合）が繰り返されて高分子が生成（重合）されること．

a. 糖の D，L 系列

単糖の慣用名は，その単糖のすべての不斉炭素の相対的な立体配置の関係が定義され，D および L の表示を名前の最初に加えることにより，それらの立体配置は決定される．最も簡単な糖である**グリセルアルデヒド**（$C_3H_6O_3$）が，その基準物質となっている．グリセルアルデヒドは 1 つの不斉炭素をもっているので，鏡像異性体が 1 組存在する．それぞれフィッシャー投影式で描くと図 3.24 のようになり，*R* 体のものを D-グリセルアルデヒド，*S* 体のものを L-グリセルアルデヒドと表す．

糖類で天然に最も多く存在しているグルコースを例にあげると，グルコースの 1 位のホルミル基（アルデヒド基，-CHO）から最も離れた不斉炭素（5 位）の立体配置が *R* 配置であれば **D 系列**，*S* 配置であれば **L 系列**といい，前者が D-グルコース，後者が L-グルコースとなる．天然に存在している糖のほとんどが D 系列である．

b. 糖の環状構造

ここまでは直鎖状のグルコースを扱ってきたが，グルコースはそのほかに 2

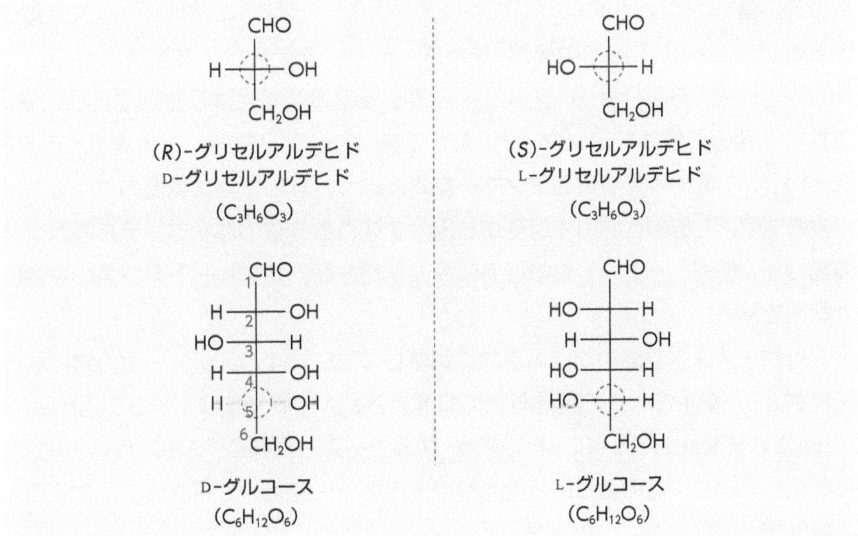

図 3.24 糖の D 系列と L 系列
D と L は小文字と同じ高さの大文字で，スモールキャピタルという．

(*R*)-グリセルアルデヒド
D-グリセルアルデヒド
($C_3H_6O_3$)

(*S*)-グリセルアルデヒド
L-グリセルアルデヒド
($C_3H_6O_3$)

D-グルコース
($C_6H_{12}O_6$)

L-グルコース
($C_6H_{12}O_6$)

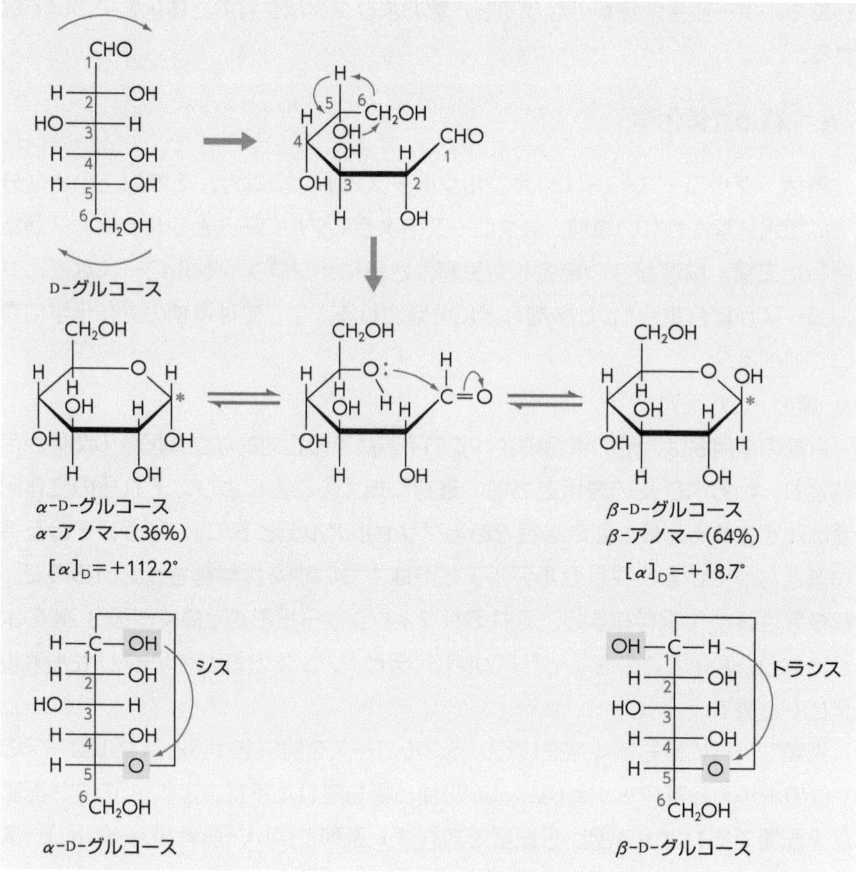

CHO
H—2—OH
HO—3—H
H—4—OH
H—5—OH
6 CH_2OH
D-グルコース

H 5 6 CH_2OH
OH CHO
4 OH H 1
OH 3 2
H OH

CH_2OH
H O H
H
OH H *
OH OH
H OH
α-D-グルコース
α-アノマー(36%)
$[\alpha]_D=+112.2°$

CH_2OH
H O: H
H H H C=O
OH
OH
H OH

CH_2OH
H O OH
H
OH H *
OH H
H OH
β-D-グルコース
β-アノマー(64%)
$[\alpha]_D=+18.7°$

H—C—OH
1
H—2—OH
HO—3—H
H—4—OH
H—5—O
6 CH_2OH
シス
α-D-グルコース

OH—C—H
1
H—2—OH
HO—3—H
H—4—OH
H—5—O
6 CH_2OH
トランス
β-D-グルコース

図3.25　α-D-グルコースとβ-D-グルコース
＊：アノマー炭素

種の環状構造が存在し，それぞれ物理的性質が異なる．環状構造を表すには，フィッシャー投影式よりも**ハワース投影式**を用いて表す．D-グルコースが 1 位のホルミル基(-CHO)と 5 位のヒドロキシ基(-OH)との間でヘミアセタール(アルデヒドとアルコールの反応中間体)を形成し，1 位の炭素が不斉炭素となり，α-D-グルコースおよびβ-D-グルコースの 2 種の環状異性体が生成する(図 3.25)．これら 2 種の異性体を**アノマー**といい，前者を**α-アノマー**，後者を**β-アノマー**という．1 位の不斉炭素を**アノマー炭素**という．なお，環状構造のフィッシャー投影式で，1 位のヒドロキシ基が右側，すなわち 5 位の環状エーテル基とシスの場合がα配置，一方，1 位のヒドロキシ基が左側，すなわちトランスの場合はβ配置である．

グルコースは水溶液中で，可逆的に閉環して 36：64 のアノマー混合物になる．純粋なα-D-グルコースの結晶を水に溶解すると，比旋光度は＋112.2° から徐々に＋52.7° に変化していく．またβ-D-グルコースも同様に＋18.7° から＋52.7° に変化していく．このように比旋光度の値が徐々に変化して平衡値に達する現象は**変旋光**という．

図3.26　グルコースの立体配座

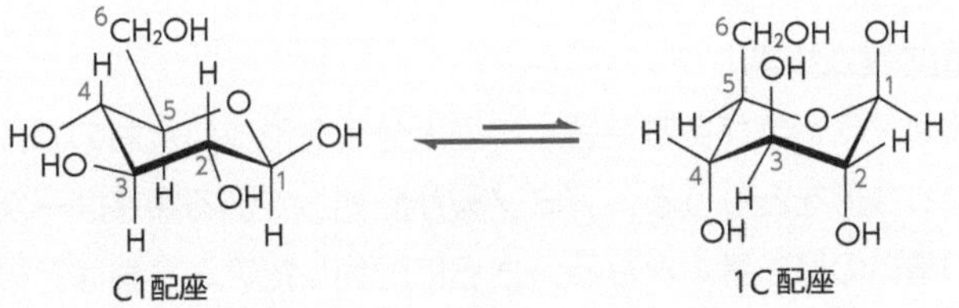

C1配座　　1C配座

次にグルコースの環状構造の立体配座について考えてみよう(図 3.26)．グルコースはシクロヘキサンと同様，いす形立体配座と舟形立体配座をとり，いす形立体配座が舟形立体配座よりも安定で，通常いす形立体配座をとって存在している．β-D-グルコースを例に見てみると，一置換シクロヘキサンの場合と同じく 2 種の異性体が考えられる．つまり，アノマー位のヒドロキシ基がエクアトリアル位およびアキシアル位の 2 種である．これらは別の見方をすると，環平面に対して 1 位が下方に向き，4 位が上方に向いた配座と，逆に 1 位が上方に，4 位が下方に向いた配座が考えられるが，前者を **C1 配座**($^4C_1$ 配座)，後者を **1C 配座**($^1C_4$ 配座)という．C1 配座では，ヒドロキシ基や CH_2OH 基のような大きな置換基はすべて空間的に空いているエクアトリアル位に結合している．一方，1C 配座では大きな置換基はすべてアキシアル位に結合し，混み合っている．したがって 1C 配座は 1, 3-ジアキシアル相互作用により不安定となり，その結果，β-D-グルコースはより安定な C1 配座をとって存在している．

B.　タンパク質の立体化学

a. アミノ酸の立体構造

タンパク質は 20 種のアミノ酸から構成され，グリシンを除く 19 個のアミノ酸は α 位に不斉炭素を有し，2 つの鏡像異性体が存在する．しかし，タンパク質を構成するアミノ酸は，ほとんどが一方の鏡像異性体で，L 形である．D，L 形は単糖の場合と同様に定義され，アミノ酸の場合はフィッシャー投影式においてカルボキシ基(-COOH)を上側に，アミノ基(-NH_2)を左側に置いて表示する(図

図3.27　アミノ酸のフィッシャー投影式

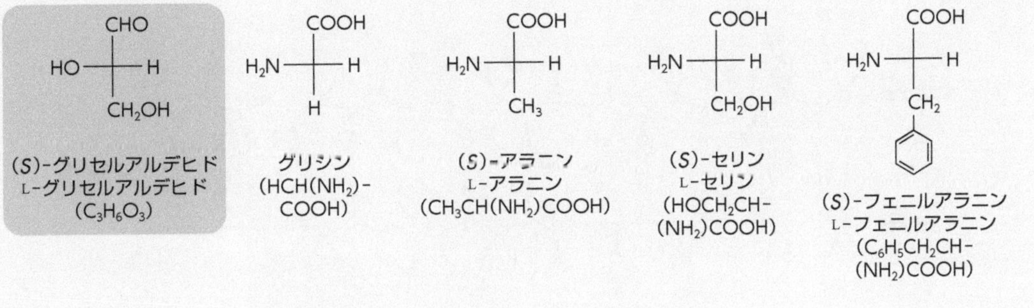

(S)-グリセルアルデヒド
L-グリセルアルデヒド
($C_3H_6O_3$)

グリシン
($HCH(NH_2)$-
COOH)

(S)-アラニン
L-アラニン
($CH_3CH(NH_2)COOH$)

(S)-セリン
L-セリン
($HOCH_2CH$-
$(NH_2)COOH$)

(S)-フェニルアラニン
L-フェニルアラニン
($C_6H_5CH_2CH$-
$(NH_2)COOH$)

3.27）．

b. タンパク質の高次構造

タンパク質はアミノ酸が多数結合して巨大分子を形成したもので，分子全体としてはいろいろな形をとりうる．アミノ酸が配列している順序は**一次構造**といい，タンパク質の構造の最も基本となる．さらに配列したアミノ酸はどのような規則性をもって配列しているのか，それによって生じる立体構造を**二次構造**という．二次構造をもったタンパク質分子が疎水結合や水素結合などにより更に折りたたまれると，まとまった三次元の立体構造を示すが，これを**三次構造**という．タンパク質によっては三次構造をとったタンパク質分子同士が，集合体を形成して，いろいろな形をとることがあり，これを**四次構造**という．二次構造から四次構造までを高次構造という．

二次構造において特徴的なαヘリックスおよびβシート構造について，以下に述べる．アミノ酸配列はペプチド結合が連続し，構造中の炭素-窒素結合と炭素-炭素結合が一定の方向に回転して，3.6 個のアミノ酸残基で一周し，さらに分子内で NH 基と CO 基との間で水素結合を形成して安定化されている．これが繰

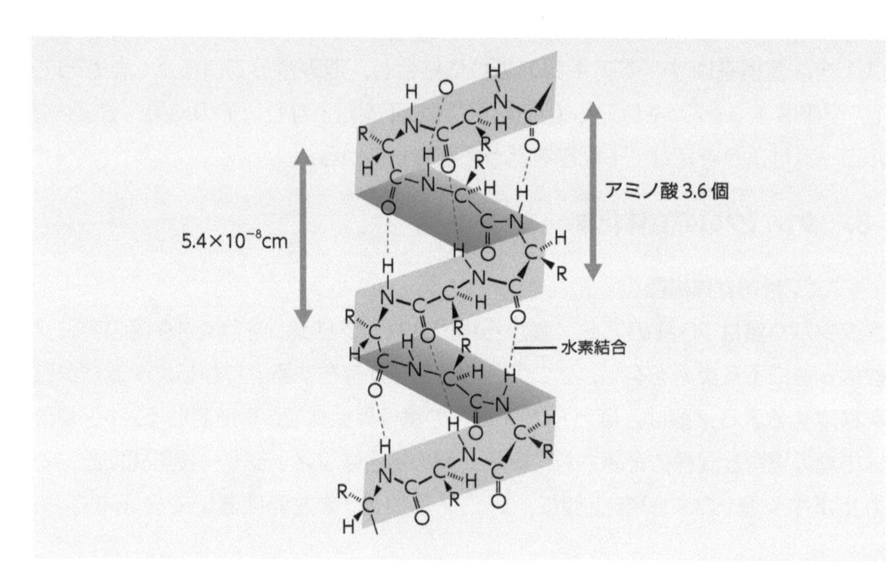

図3.28　α-ケラチンのαヘリックス

図3.29　フィブロインのβシート構造

り返されて，**αヘリックス**というらせん構造をとる(図 3.28).

フィブロインは絹の繊維状タンパク質で，そのペプチド鎖がジグザグ構造をとるように伸長しており，さらに2本のペプチド鎖は水素結合で結ばれて平行に並んで，平面状になっている．このような構造を**βシート構造**という(図 3.29).

タンパク質はαヘリックスやβシート構造などの二次構造に加えて，構成アミノ酸の側鎖の大きさによる影響，各置換基による水素結合，ジスルフィド結合，静電引力，ファンデルワールス力などの疎水性相互作用などによって，折りたたまれた構造となり，分子全体が安定化した三次構造をとっている(図 3.30).

高度に制御された三次構造をとっているタンパク質は，熱，有機溶媒，pH などの変化により，その三次構造が壊れて機能を失ってしまう．これを**変性**という(図 3.31)．三次構造はタンパク質の機能性を考えると大切な構造であるといえる．三次構造を形成しているタンパク質が集合して，空間的に特定の配置をとると四次構造となる(図 3.32).

図3.30 タンパク質の三次元構造の模式図

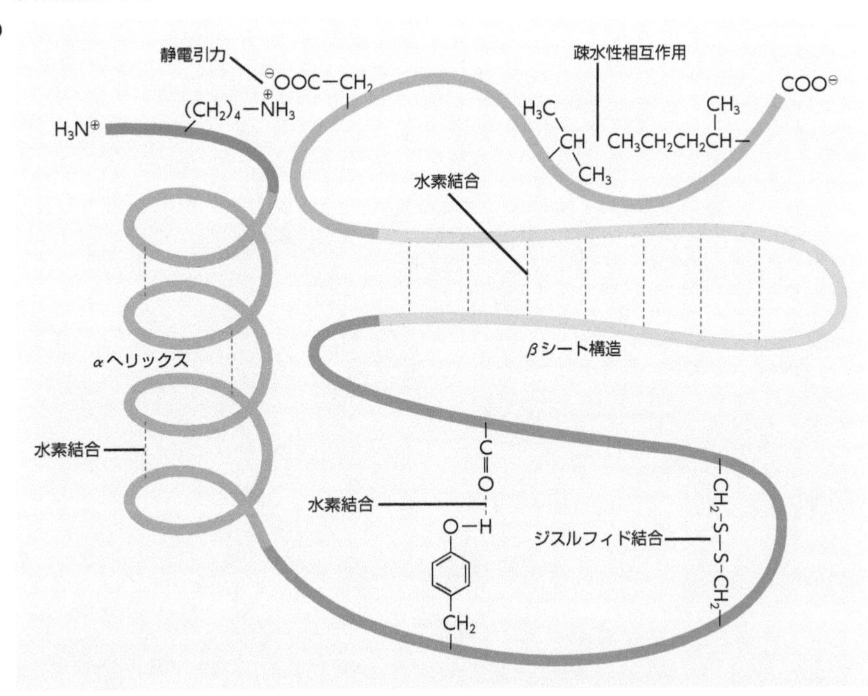

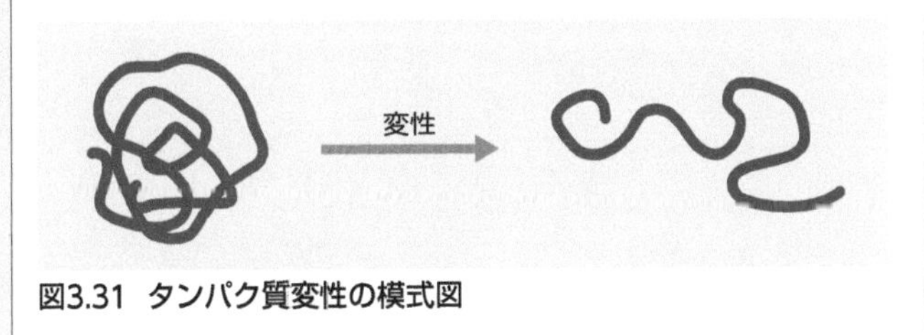

図3.31 タンパク質変性の模式図

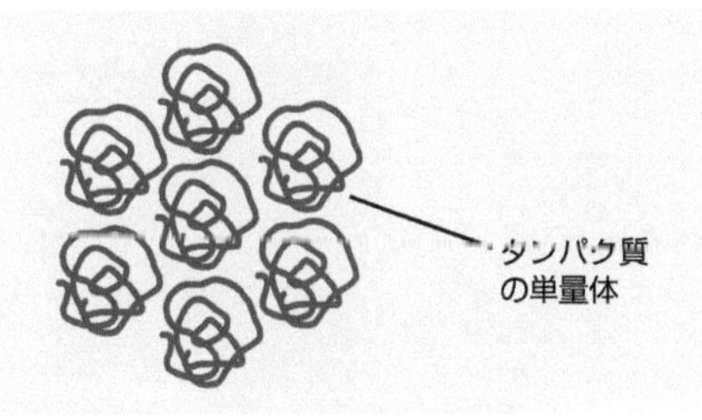

図3.32 タンパク質の四次構造の模式図

(　　)に入る適切な語句を答えなさい.

①幾何異性体にはシス異性体と(　　)異性体がある.

②天然に存在しているほとんどのグルコースは，不斉炭素(5 位)の立体配置が R 配置である(　　)-グルコースである.

③タンパク質の二次構造で，アミノ酸 3.6 個で 1 回転するらせん構造を(　　)という.

基礎編

4. 有機化合物の構造による特徴

アレクサンダー・フレミング（1881 ~ 1955）
イギリス出身の細菌学者．抗菌物質リゾチームと，アオカビから見いだした世界初の抗生物質，ペニシリンを発見．1945 年にノーベル医学・生理学賞を受賞した．［写真：ファイザー株式会社］

ここでは，炭素(C)と水素(H)だけからなる炭化水素と，酸素(O)を含む酸素含有有機化合物と硫黄(S)を含む化合物，また，窒素含有有機化合物とに分け，それぞれの構造の特徴を明らかにする．

4.1 炭化水素

炭素と水素からなる化合物は炭化水素といい，炭化水素は，鎖式炭化水素，環式炭化水素に分けられる．鎖式は飽和炭化水素(アルカン)と，不飽和炭化水素(アルケンとアルキン)があり，環式炭化水素には脂環式炭化水素と芳香族炭化水素が存在する．

A. 鎖式炭化水素

a. 鎖式飽和炭化水素(アルカン)

分子中に二重結合や三重結合などの不飽和結合を有しない，鎖状の飽和炭化水素はアルカンという．

また，メタン(CH_4)はアルカンの最も簡単な化合物であるので，アルカンはメタン系炭化水素またはパラフィン系炭化水素ともいう．アルカンのうち，分子式 C_4H_{10} は $CH_3CH_2CH_2CH_3$ の *n*-ブタン(IUPAC 名：ブタン)と $CH_3CH(CH_3)_2$ のイソブタン(IUPAC 名：2-メチルプロパン)の 2 種類(構造異性体，3.1A 項参照)存在している

図 4.1 C_4H_{10} の分子式をもつ *n*-ブタンとイソブタン

n-ブタン
(ブタン)

イソブタン
(2-メチルプロパン)

炭素原子数	名称	構造式	沸点(融点)(℃)
1	メタン(methane)	CH_4	−161
2	エタン(ethane)	CH_3CH_3	−89
3	プロパン(propane)	$CH_3CH_2CH_3$	−42
4	ブタン(butane)	$CH_3(CH_2)_2CH_3$	−1
5	ペンタン(pentane)	$CH_3(CH_2)_3CH_3$	36
6	ヘキサン(hexane)	$CH_3(CH_2)_4CH_3$	69
7	ヘプタン(heptane)	$CH_3(CH_2)_5CH_3$	98
8	オクタン(octane)	$CH_3(CH_2)_6CH_3$	126
9	ノナン(nonane)	$CH_3(CH_2)_7CH_3$	151
10	デカン(decane)	$CH_3(CH_2)_8CH_3$	174
11	ウンデカン(undecane)	$CH_3(CH_2)_9CH_3$	196
12	ドデカン(dodecane)	$CH_3(CH_2)_{10}CH_3$	216
13	トリデカン(tridecane)	$CH_3(CH_2)_{11}CH_3$	235
14	テトラデカン(tetradecane)	$CH_3(CH_2)_{12}CH_3$	254
20	イコサン(icosane)*	$CH_3(CH_2)_{18}CH_3$	(37)
21	ヘンイコサン(henicosane)	$CH_3(CH_2)_{19}CH_3$	(41)
22	ドコサン(docosane)	$CH_3(CH_2)_{20}CH_3$	(44)
30	トリアコンタン(triacontane)	$CH_3(CH_2)_{28}CH_3$	(66)

表4.1 鎖式飽和炭化水素(アルカン)
アルカンの一般式はC_nH_{2n+2}で表される.
* 炭素数20の鎖式飽和炭化水素はかつてはエイコサン(eicosane)といわれていたが，IUPAC，学術用語集(化学編)，日本化学会，日本油化学会では，イコサンという名称が採用されている.
[資料：日本化学会編，化学便覧基礎編改訂6版，丸善(2021)]

(図 4.1)．*n*-ブタンのように枝分かれがない炭化水素を直鎖状炭化水素という．

表 4.1 には，直鎖状の炭化水素が示されている．表に示したように，炭素数が増すにつれて融点と沸点が上昇している．常温(25℃)では，炭素数が 5 以上は液体であるが，炭素数が 18 以上になると固体になる．また，炭素数が 4 以上で，炭素数が増すにつれて構造異性体の数も急激に増える．メタンは天然ガスの主成分であるが，天然ガスにはこのほかエタン(CH_3CH_3)が含まれる．

石油は，数千万年前に海底に堆積したプランクトンや藻類などの死骸が堆積し，岩石層に閉じこめられ，高温・高圧の条件下で生成したものと考えられている．この石油の主成分は炭化水素であり，図 4.2 に示した分留塔により，沸点の低い順に分留することにより各炭化水素に分けられる．このようにして得られた炭素数の多い炭化水素は触媒の存在下で熱分解により，より小さい炭化水素(エチレンやプロピレン)に変えられ，石油化学工業に用いられる．

なお，アルカンから水素原子を 1 個取り去った基をアルキル基といい，記号 R-で表される．たとえば，メチル基，エチル基，プロピル基などがあり，これらは置換基である．

(1)アルカンの命名　アルカンに属する化合物は下記の IUPAC 命名法の規則にしたがって命名される(図 4.3)．

図4.2　原油の分留
Cの数字は炭素数.

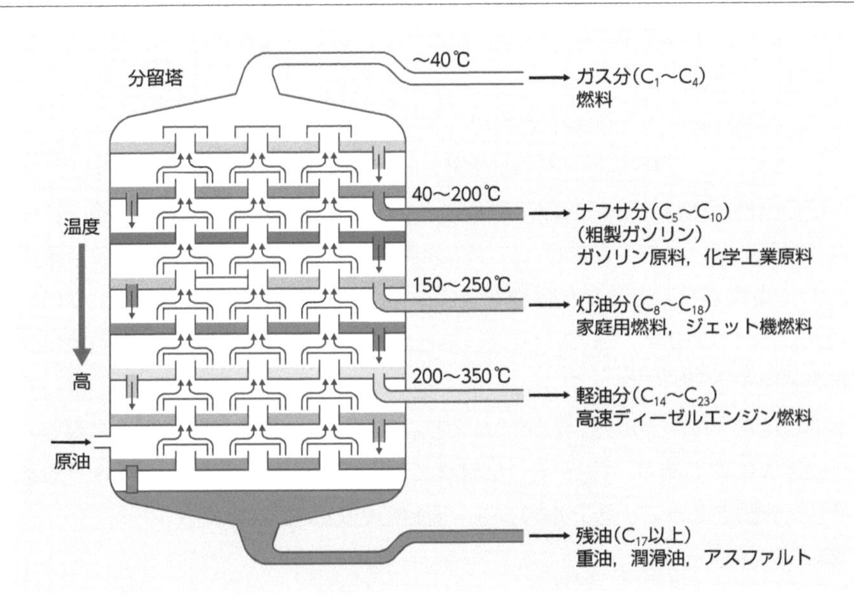

図4.3　アルカンの命名の例

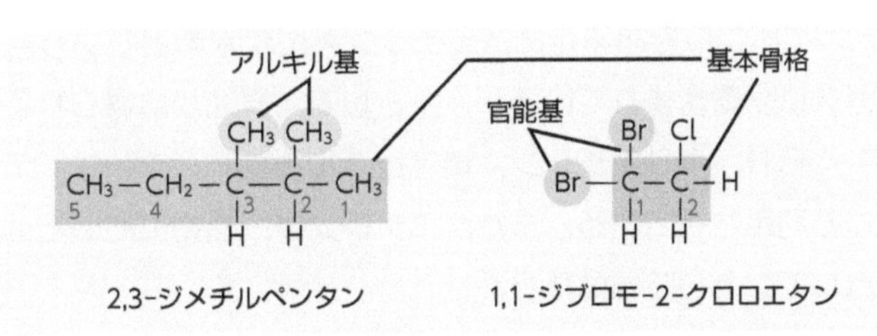

①基本となる化合物(基本炭素骨格)は，表4.1のアルカンを基本として命名される

②分岐炭素鎖を有する化合物では，基本炭素骨格となる主鎖は，化合物の構造式中の最長炭素鎖を選び，主鎖に結合しているアルキル基，官能基はすべて置換基といい，主鎖である炭化水素につける接頭辞または接尾辞として表現する．ただし，アルキル基，官能基の順番はアルファベットの順とする

③各置換基の結合位置はそれが結合している主鎖中の炭素原子の番号で表現する．ただし，その炭素原子の番号は，最初にくる置換基の番号が小さい番号になるようにする

(2)アルカンの反応　アルカンの反応は，一般に乏しいが，以下の酸化反応と置換反応が知られている．

①**酸化反応**：アルカンを空気中で燃焼させると，二酸化炭素(CO_2)と水(H_2O)を生じ，その際に熱エネルギーを発生する．メタンを燃焼させると，

$$CH_4 + 2O_2 \longrightarrow CO_2 + 2H_2O \qquad \Delta H = -890.8\ \mathrm{kJ}$$

の反応が起こる．

②**置換反応**：紫外線照射中に，アルカンとハロゲンを反応させると，光のエネル

ギーにより，水素原子がハロゲンと置換する，いわゆる置換反応が起こる．たとえば，

$$CH_4 + Cl_2 \longrightarrow CH_3Cl + HCl$$

メタン　塩素　クロロメタン　塩酸

この置換反応はさらに進み，CH_2Cl_2，$CHCl_3$，CCl_4 なども生成する．このような反応で，メタンおよびエタンの水素原子が塩素原子(Cl)およびフッ素原子(F)で置換されてできた化合物をフロンという．フロン 22($CHClF_2$)，フロン 12(CCl_2F_2)，フロン 113(CCl_2FCClF_2)などがあり，これらは地球上空のオゾン層を破壊する元凶になっている．

上述したように，アルカンは天然ガスおよび石油に含まれているが，常温で，C_1 ～ C_4 は気体であり，C_5 ～ C_{17} は液体であり，C_{18} 以上のものは固体である．分岐した側鎖をもっているアルカンは，直鎖のものより沸点は低い．

b. 鎖式不飽和炭化水素(アルケン)

二重結合を含む炭化水素はアルケンという．最も簡単なアルケンはエチレン(IUPAC 名：エテン，CH_2CH_2)であるため，エチレン系炭化水素ともいう．エチレンは原油や天然ガスに少量含まれているが，主として，原油から得られるナフサの熱分解によりつくられ，ポリエチレン，塩化ビニル樹脂，スチレン，エタノールなどの原料として利用されている．また，エチレンは，植物においては果実の成熟を促進するホルモンとしてもはたらく．

(1)アルケンの命名　アルケンは IUPAC 命名法により，以下のような規則にしたがって命名される(図 4.4)．

①アルカンの接尾語を-エン(-ene)とする．たとえば，エチレンはエテン，プロピレンはプロペンと命名される．

②主炭素鎖は二重結合を含む長い炭素鎖とする．

③主炭素鎖における炭素原子の番号は二重結合を構成する炭素原子に割り当てられる 2 個の数字のうち，小さい方の数字を表示番号とする．

エチレン(CH_2CH_2)は平面構造であり(図 2.9 参照)，分子の両端の CH_2 は二重結合を軸として回転できず，その状態に固定される．エタン(CH_3CH_3)の場合，CH_3 の両端は単結合を軸として回転できる．したがって，2-ブテン($H_3CCH=CHCH_3$)においては，2 つのメチル基($-CH_3$)が二重結合の同じ側にある場合(シス形)と反

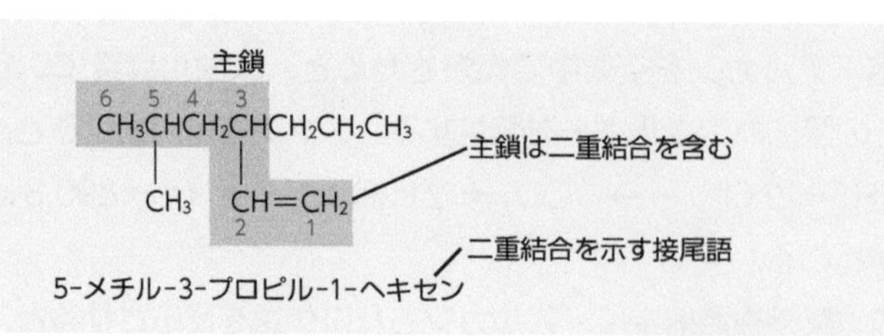

図4.4　アルケンの命名の例

対側にある場合(トランス形)の2つの異性体が(幾何異性体)生じる(3.1B項参照)．生体内においてはシス形とトランス形を正確に見分けている．たとえば，フマル酸(HOOCCH=CHCOOH)はクエン酸回路を構成し，細胞のエネルギー生成にかかわっているが，そのシス形であるマレイン酸は生体にとって有毒である．

(2)アルケンの反応　アルケンにおける二重結合は極めて反応性に富み，酸化反応，付加反応，重合反応を行う．

①**酸化反応**：アルケンは燃焼などで完全に酸化されると二酸化炭素(CO_2)と水(H_2O)を生じる．

$$\underset{\text{プロペン}}{2\,H_2C{=}CHCH_3} + \underset{\text{酸素}}{9\,O_2} \longrightarrow 6\,CO_2 + 6\,H_2O$$

アルケンは過マンガン酸カリウム($KMnO_4$)のアルカリ性溶液と反応させると，不完全酸化が起こり，二重結合の2つの炭素原子にヒドロキシ基(-OH)が結合する．

②**付加反応**：二重結合のπ結合は反応性が高く，他原子と反応し，二重結合は単結合になる．

たとえば，エチレンに塩素分子(Cl_2)を反応させると，

$$\underset{\text{エチレン}}{H_2C{=}CH_2} + \underset{\text{塩素}}{Cl_2} \longrightarrow CH_2ClCH_2Cl$$

このような反応を付加反応という．同様に，エチレンを臭素分子(Br_2)と反応させると容易に付加する．臭素分子は赤色をしているので，この色の消失は不飽和結合が存在していることを意味している．また，脂肪酸の不飽和の程度を調べるのには，ヨウ素(I_2)の二重結合への付加反応が利用されている(ヨウ素価)．このほかに，エチレンには触媒の存在下で水素が付加する．同様の反応は，液体の植物油のもつ二重結合に水素を付加させ，固体のマーガリンの製造に利用されている．

一方，アルケンに塩化水素(HCl)を反応させると，水素原子は二重結合においてアルキル置換基の少ないほうの炭素原子に結合する．この法則をマルコフニコフ則という(5.3A項参照)．また，エチレンに水を付加するとエタノール(エチルアルコール，CH_3CH_2OH)ができる．

③**重合反応**：エチレンを高温(100～250℃)，高圧(1,000～3,000気圧)で触媒を用いて，付加反応で多数(数百～数千)結合した鎖であるポリエチレンがつくられる．

$$n\,H_2C{=}CH_2 \longrightarrow -CH_2CH_2-CH_2CH_2-CH_2CH_2-CH_2CH_2-\cdots$$

$$= \left(\begin{array}{cc} H & H \\ | & | \\ -C & -C- \\ | & | \\ H & H \end{array} \right)_n$$

名称	単量体または原料	特徴	主要用途
ポリエチレン(PE)	$CH_2=CH_2$	耐薬品性，絶縁	フィルム，瓶
ポリスチレン(PS)	$CH_2=CH(C_6H_5)$	透明，絶縁	容器，断熱材(発泡)
ポリ塩化ビニル(PVC)	$CH_2=CHCl$	耐熱，難燃	フィルム，パイプ
ポリプロピレン(PP)	$CH_2=CH(CH_3)$	耐熱，絶縁	雑貨，絶縁材料
尿素樹脂	尿素，ホルムアルデヒド	耐熱，接着性	食器，雑貨，接着剤
ポリエチレンテレフタレート(PET)	テレフタル酸，エチレングリコール	耐熱，耐食	ペットボトル

表4.2 いろいろなプラスチック
食品包装・容器の材料として使われる．

このように，単量体(モノマー)という小さい分子が多数結合して重合体(ポリマー)という大きい分子がつくられる反応を重合反応という．表4.2に示したように，多くのプラスチックは，多数の単量体の重合によりつくられる．これらプラスチックは，成形加工しやすいこと，軽量で強度が大きいこと，熱・電気を伝えにくいことなど優れた性質をもつ．しかし，天然に存在しないものであるため，微生物で分解されず，燃焼などにより有毒物質を出すので，環境破壊の元凶の1つになっている．

c. 鎖式不飽和炭化水素(アルキン)

三重結合をもつ炭化水素はアルキンという．アセチレン(IUPAC名：エチン，C_2H_2)は最も簡単なアルキンであるので，アセチレン系炭化水素ともいう．アセチレンは爆発性の気体で，カルシウムカーバイド(炭化カルシウム，CaC_2)を水と反応させてつくられる．

$$CaC_2 + 2\,H_2O \longrightarrow C_2H_2 + Ca(OH)_2$$

カルシウムカーバイド　　(HC≡CH) アセチレン　　水酸化カルシウム

(1)アルキンの命名　アルキンは，-イン(-yne)をつける以外は，アルケンと同様にして命名される．たとえば，アセチレン(CH≡CH)はエチン，$CH_3C{\equiv}CCH_3$は2-ブチンと命名される．

(2)アルキンの反応　アルキンは，アルケンと同様な反応性を示すが，水素，ハロゲン，ハロゲン化水素など2分子が付加しうる．ただし，触媒や反応条件により，1分子の付加で止めることができる．

また，アルキンを，硫酸水銀(Hg_2SO_4)を触媒として希硫酸(H_2SO_4)で処理すると，水を付加してエノール(enol)ができるが，最終的にはより安定なケトンに変わる．

なお，生体内では重要な三重結合を含む化合物は知られていない．

B. 環式炭化水素

a. 脂環式炭化水素

芳香族炭化水素を除いた環状の炭化水素を脂環式炭化水素という．シクロアルカン(cycloalkane)はアルカンが環状になったもので，$-CH_2-$ が環状につながり，分子式は C_nH_{2n} で表される．

脂環式炭化水素は，シクロ(cyclo-)を接頭語とするほかは，アルカンの場合と同様にして命名される．シクロプロパン(C_3H_6)，シクロブタン(C_4H_8)，シクロペンタン(C_5H_{10})，シクロヘキサン(C_6H_{12})などがある(図 4.5)．

図4.5 脂環式炭化水素の例

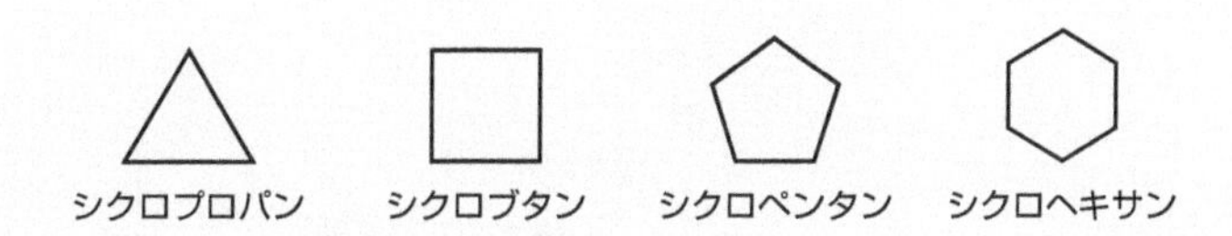

b. 芳香族炭化水素および関連する化合物

芳香族化合物はベンゼン環などをもつ化合物である．芳香族の名前は，この種の化合物は芳香をもつ物質を含むことに由来している．芳香族炭化水素と環構造に炭素以外の元素を含む複素芳香族化合物があるが，この節では，芳香族炭化水素を中心にして他の炭化水素との違いを説明する．

(1)ベンゼンの構造　ベンゼン(C_6H_6)およびそれに関連する炭化水素は芳香族炭化水素に属し，アレーンという．ケクレはベンゼンの構造式として，単結合と二重結合が交互になっている六員環構造を提唱している．しかし，ベンゼンの構造は，図 4.6 に示したように，分子軌道法的なアプローチによりうまく理解することができる．環表面の上下に 6 個の炭素原子それぞれの 1 個の p 軌道が環全体に広がることにより安定化している．これは図 4.7 で表現されるが，簡略化した場合，G の式がより正確に表現しているという理由からしばしば用いられている．

鉄鉱石の精錬に必要なコークス製造過程で石炭を乾留する際，副産物として得

図4.6 分子軌道法的に表したベンゼン分子(C_6H_6)の結合様式

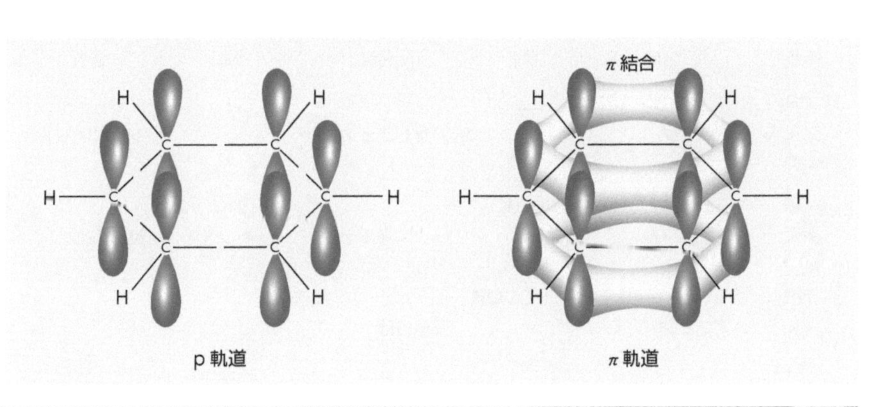

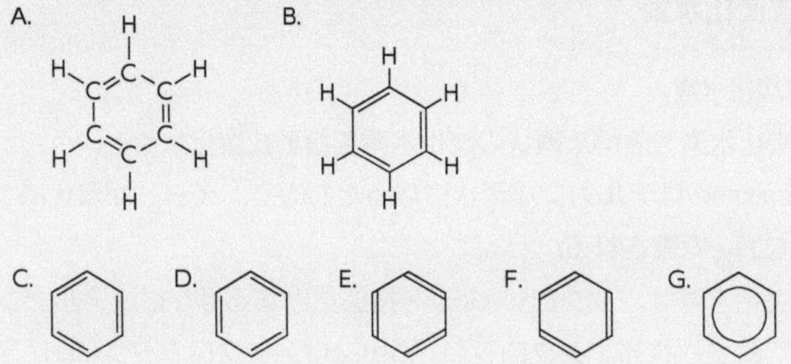

A.　B.　C.　D.　E.　F.　G.

図4.7　ベンゼンとベンゼン環の化学構造の表示法
すべて同じことを表している.

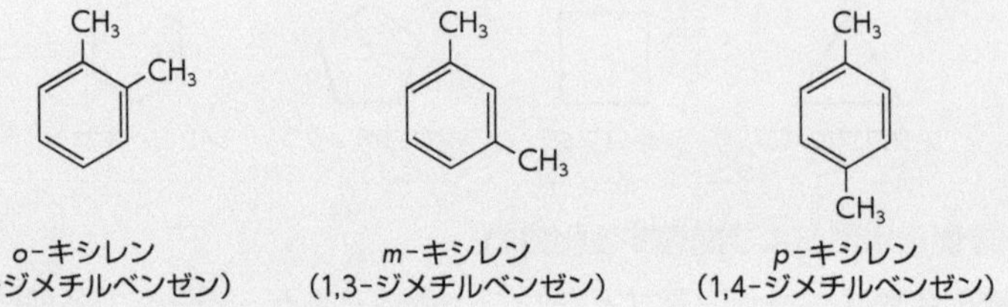

o-キシレン
(1,2-ジメチルベンゼン)

m-キシレン
(1,3-ジメチルベンゼン)

p-キシレン
(1,4-ジメチルベンゼン)

図4.8　キシレンの異性体

られるコールタールが芳香族炭化水素の供給源である．コールタールは，ベンゼン，ナフタレン($C_{10}H_8$)を主成分とするが，そのほか，スチレン($C_6H_5CH{=}CH_2$)，*o*(オルト)-，*m*(メタ)-，*p*(パラ)-キシレン($C_6H_4(CH_3)_2$)が得られる(図 4.8).

(2)芳香族化合物の命名　芳香族化合物は慣用名が使われることが多く，IUPAC でも表 4.3 に示した化合物名は例外的に使用を認めている．また，IUPAC 命名法としては，ベンゼン一置換体には番号表示は必要ないが，二置換ベンゼンには 3 種の異性体があり，それぞれ，*o*-，*m*-，および *p*-表示法がそれぞれ，1,2-，1,3-および 1,4-置換体に用いられる．最近は，同種の 2 置換基が存在する場合，番号表示が推奨されている．三置換ベンゼン以上では，番号表示を用いなければならない.

(3)ベンゼンの反応　ベンゼン環は非常に安定であるので，反応を受けにくい.

表4.3　代表的な芳香族化合物の慣用名

構造	名前	構造	名前	構造	名前
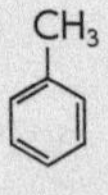 CH_3	トルエン	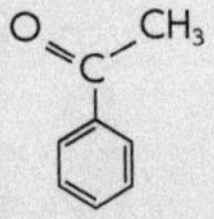 O, CH_3, C	アセトフェノン	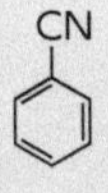 CN	ベンゾニトリル
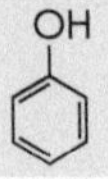 OH	フェノール	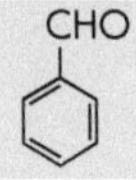 CHO	ベンズアルデヒド	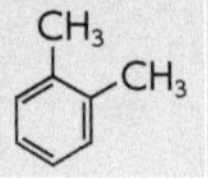 CH_3, CH_3	*o*-キシレン
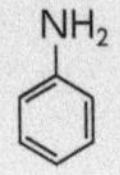 NH_2	アニリン	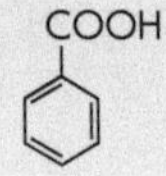 COOH	安息香酸		

しかし，次章で述べるように，水素原子が他の原子や原子団により攻撃を受け，置換反応を起こす．

たとえば，ベンゼンと臭素あるいは塩素との置換反応は触媒の存在下で起こり一置換体を生成する．

濃硫酸(H_2SO_4)と濃硝酸(HNO_3)の混合物を反応させると，ベンゼンはニトロ化される．また，発煙硫酸(SO_3とH_2SO_4の混合物)との反応によりスルホン化される．

さらに，塩化アルミニウム($AlCl_3$)触媒の存在下で，ハロゲン化アルキルを作用させると，ベンゼンはアルキル化される．この反応はフリーデル-クラフツ反応という．また，同じ触媒の存在下でカルボン酸のハロゲン化物を作用させるとベンゼンはアシル化される(第5章参照)．

PAH：polycyclic aromatic hydrocarbon

PCB：polychlorinated biphenyl

DDT：dichlorodiphenyltrichloroethane

(4) その他の芳香族化合物　環境汚染物質として，多環状芳香族炭化水素(PAH)，ポリ塩化ビフェニル(PCB)，ダイオキシンのようなポリ塩化オキサアレーン，ある種の殺虫剤(アルドリン，クロルダン，DDTなど)などが知られているが，これらはいずれも芳香族化合物である．これらのうち，発がん性のPAH(ベンゾ[a]ピレン，$C_{20}H_{12}$など)とその窒素関連類似体，PCBおよびダイオキシン類は現在，地球環境中に広く見いだされ，発がん性，催奇性，突然変異性など健康に与える影響が心配されている．

DNA: deoxyribonucleic acid

これらの物質の地球環境に拡散した過程はさまざまである．PAHは主として石炭，石油，タバコから炭焼きステーキにいたるまでの，有機物質の不完全燃焼に伴って生成する．PAHは普通には飲料水を通じて人体に取り込まれる．ベンゾ[a]ピレンのような非水溶性化合物に対しては，人体はそれを水溶性化合物に転換して，体外に排泄しようとする．しかし，ベンゾ[a]ピレンの酸化の際の中間体の1つがDNAを損傷し，がんを引き起こす．

PCBは天然物ではなく合成化学物質であり，変圧器，コンデンサーの絶縁体，圧力媒体，熱媒体，可塑剤などに利用されてきた．それらが地球環境に広がったのは，漏洩，不法投棄によってである．土壌中のPCBは気化，沈積，吸着を繰り返し，最終的に雨水を通じて川，湖，海中に流入する．PCBのある異性体は微生物により代謝されるが，塩素を多く含有する異性体は分解しにくい．そして，PCBは食物連鎖により魚などに蓄積する．

ダイオキシン類は，今日最も強力な発がん性物質として注目されている．ダイオキシン類も天然物ではなく，合成物質であり，木材防腐剤ペンタクロロフェノール，2,4,5-Tなどの除草剤，ベトナム戦争で広く使用された枯葉剤などから生成した物質である．

以上の物質はいずれも深刻な環境破壊を引き起こしているが，これらの問題は有機化学の発展した結果もたらされたものである．今後，新規に合成された物質は生物的なスクリーニングを行い，安全性の確認をすべきである．

4.2 官能基による特徴

A. 酸素含有有機化合物と硫黄を含む化合物

表 2.2 に示したヒドロキシ基，エーテル結合，カルボニル基，カルボキシ基，エステル結合などは，酸素(O)をもつ官能基を含んでいる化合物である．一般名ではアルコール(R-OH)，フェノール(C_6H_5-OH，R-OH)，エーテル(R-O-R′)，アルデヒド(R-CHO)，ケトン(R-CO-R′)，カルボン酸(R-COOH)およびエステル(R-COO-R′)などである．本項ではこれらの化合物について順次述べる．なお，この項では，酸素と同族の硫黄(S)を含むメルカプト基をもつチオールとエーテルの酸素を硫黄で置換したチオエーテルについても述べる．

a. アルコール(R-OH)

アルコールは，アルカンから水素原子を 1 個取り去ったアルキル基(R-)に，ヒドロキシ基(-OH)が結合したメタノール(CH_3OH)などの一群の化合物(R-OH)である(図 4.9)．このヒドロキシ基は解離しないので中性である．しかしながら，水と同様に酸素原子の電気陰性度が水素原子に比べて大きいので，酸素原子は多少負に帯電し，水素原子は少し正に帯電している．すなわち，分極しているので，

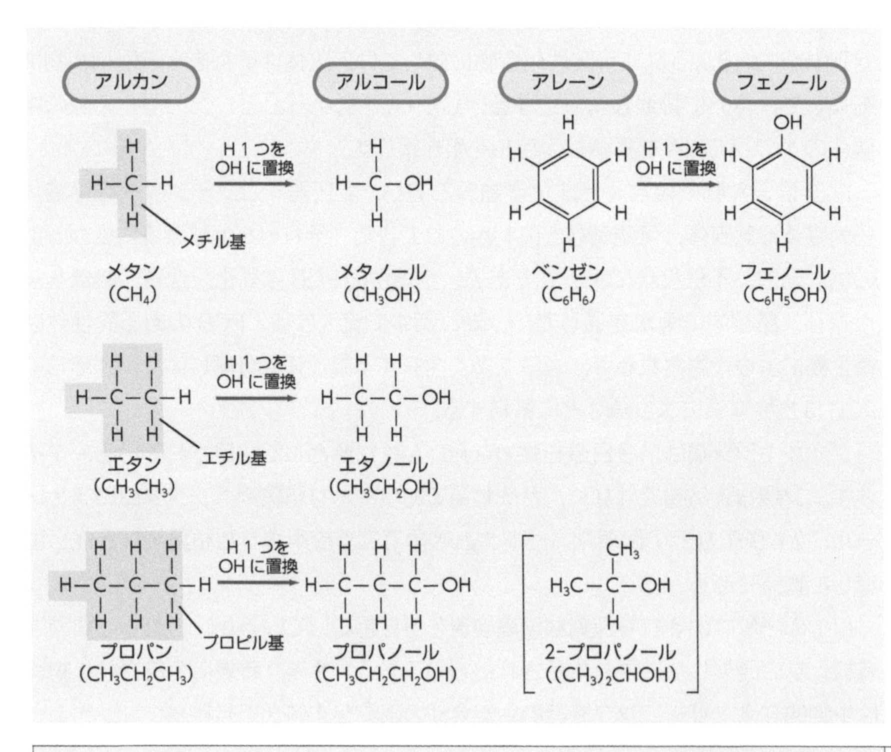

図4.9 各種アルコールおよびフェノールの構造
■はアルキル基を示す．

図4.10 第一級，第二級および第三級アルコール

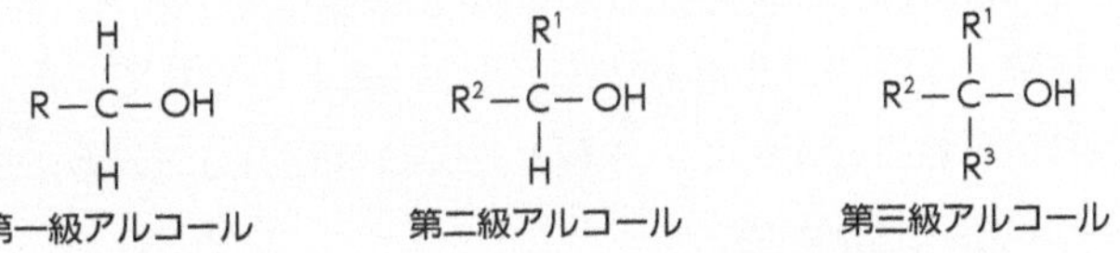

アルコール分子間に水素結合が形成される．したがって，アルコールの融点や沸点は高くなる．

(1)アルコールの命名　アルコールは次のようにして命名される．

①ヒドロキシ基を含むアルカンの語尾-ン(-ne)を-ノール(-nol)に変える

②ヒドロキシ基に近い端からアルカン鎖の炭素に番号をつける

③置換基の位置は②の番号にしたがって指定する．2種以上置換基がある場合はアルファベットの順に並べる

たとえば，アルコールはヒドロキシ基のついた炭素原子に結合している炭化水素基の数により，第一級アルコール，第二級アルコール，第三級アルコールに分類される(図4.10)．

(2)代表的なアルコール

①**エタノール**：エタノール(CH_3CH_2OH)は古代から人々によって愛好されてきた嗜好(しこう)飲料である．エタノールは従来エチルアルコールといわれていた．エタノールは酵母により糖類からつくられる．この現象を発酵という．酵母はブドウなどの果実の皮に付着しているので，皮付きの果実をつぶして絞り汁を放置しておくと自然発酵して果実酒ができる．ブドウ酒(ワイン)はこのようにしてつくられる．

醸造酒としては，このほかに清酒(日本酒)およびビールなどがある．清酒は，米に含まれるデンプン($(C_6H_{10}O_5)_n$)をコウジカビ(*Aspergillus oryzae*(アスペルギルス オリゼ))が繁殖した麹(こうじ)のアミラーゼという酵素(タンパク質から構成されている)により糖化し，生成したグルコース($C_6H_{12}O_6$)を酵母中の酵素によりエタノールに転換する．このような醸造酒におけるアルコール濃度は12～16%で，発酵は止まる．コウジカビは味噌や醤油などの調味料の製造にも利用されている．焼酎は清酒などを蒸留してつくられる蒸留酒であり，そのアルコール濃度は30～60%という高濃度である．また，ビールは大麦のデンプンを，発芽した麦芽に含まれるアミラーゼにより糖化し，生成したグルコースを最終的にビール酵母によりエタノールに転換する．

発酵以外に，工業的にエタノールは合成されている．ホワイトリカー(甲類焼酎)などの飲用アルコールは，合成と記載されており，エチレン(CH_2CH_2)から工業的に合成されたエタノールを用いている．アルコールの純度は醸造したものと比べて高い．

②**メタノール**：木材を，空気を遮断して加熱(乾留)すると，メタノール(CH_3OH)が得られる．従来，メタノールはメチルアルコールといわれていた．メタノールは木の精と考えられていたので，木精(もくせい)ともいわれている．一方，エタノールは酒精ともいわれることがある．

また，メタノールは工業的に一酸化炭素(CO)と水素(H)から大量につくられ，ホルムアルデヒド(メタナール，HCHO)の原料になる．

メタノールは毒性があり，エタノールが飲用に適さないようにするために，メタノールの添加が行われている．また，ガソリンに混合すると凍結しにくくなる．

エタノールおよびメタノールは水によく溶け，どのような割合でも水に溶ける．

2-プロパノール($(CH_3)_2CHOH$)は医療器具の殺菌などに使われている．2 価のアルコールであるエチレングリコール($HOCH_2CH_2OH$)は両端にヒドロキシ基をもつので，2 か所で水素結合を形成しうる．そのため粘性が高く，沸点(197.3℃)も高い．毒性があり，100 cm^3 以上飲むと死に至る．工業的にはポリエステルの原料として重要である．また，油脂の構成成分である 3 価アルコールであるグリセリン(1,2,3-プロパントリオール，グリセロール，$HOCH_2CH(OH)CH_2OH$)は 3 か所で水素結合をつくる．エチレングリコールよりさらに粘性があるが，沸点は低く，無毒で甘い液体である．グリセリンは水分子と強く結合するので，保水性があり，皮膚に軟化性を与えるので，化粧品に用いられている．

(3)アルコールの反応

①**アルカリ金属との反応**：アルコールのヒドロキシ基は電離しないため中性であるので，水酸化ナトリウム(NaOH)とは反応しない．金属ナトリウム(Na)またはカリウム(K)は水とは激しく反応して水素(H_2)を発生するが，これらの金属は，水との反応ほど激しくはないが，アルコールとも反応して水素を発生する．生成したアルコールのヒドロキシ基の H が金属で置換された金属アルコキシドは水酸化ナトリウムと同様に強塩基性を示す．

$$R\text{-}OH + Na \longrightarrow R\text{-}O^- + Na^+ + \frac{1}{2} H_2$$

②**脱水反応**：アルコールを濃硫酸(H_2SO_4)と反応させると，上述したアルコールの生成の逆反応としてアルケンが生成される．この脱水反応は第三級アルコールにおいて容易に起こる．第一級および第二級アルコールにおいては高温でのみ起こる．しかし，この場合，温度を下げると，エーテル(R-O-R′)が生成される．

③**酸化反応**：第一級アルコールを酸化すると，アルデヒド(R-CHO)を経てカルボン酸(R-COOH)になる．

図 4.11 に示したように，エタノールからアセトアルデヒド(エタナール，CH_3CHO)への酸化反応では 2 個の水素原子が酸化剤により奪われている．酒からつくられる食酢の製造は，酢酸菌内で起こる上式の反応を利用したものである．

図4.11 第一級, 第二級および第三級アルコールの酸化

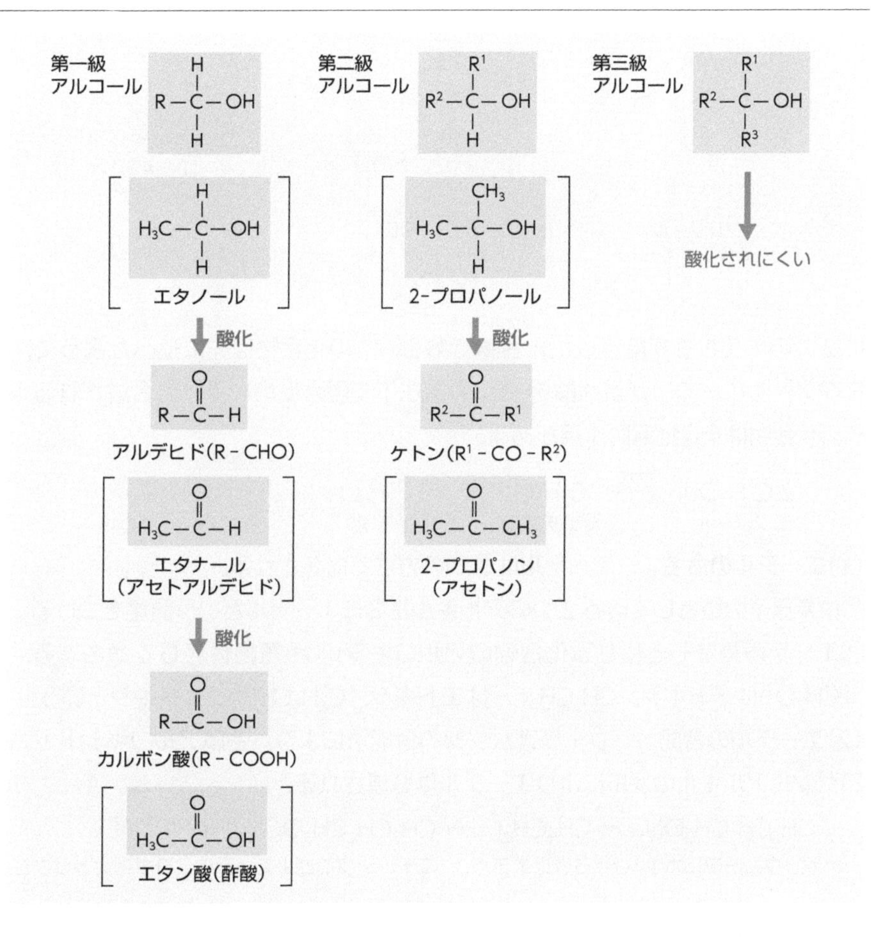

また，第二級アルコールは酸化されるとケトンが生成する．

第三級アルコールは通常酸化剤とは反応しない．

b. フェノール(C_6H_5-OH，Ar-OH)

コールタールから得られる石炭酸といわれるフェノール(Ar-OH)は，ベンゼン環にヒドロキシ基(-OH)が結合した一連の化合物である．フェノール(C_6H_5OH)はベンゼン(C_6H_6)のHが1つOHに置き換わったものである．フェノールはアルコールと同様に分子間で水素結合を形成する．

しかし，アルコールにおけるヒドロキシ基と異なり，フェノールの水溶液においてはヒドロキシ基の水素は解離し，カルボン酸(R-COOH)と比べて弱いものの弱酸性を示す．このため，フェノール水溶液は防腐，殺菌効果をもつ．

クレゾール化合物(*o*-，*m*-，*p*-$C_6H_4(CH_3)OH$)(図4.12)はフェノールより殺菌効果は強く消毒剤として利用されている．

c. エーテル(R-O-R′)

水分子(H_2O)における2つの水素原子がアルキル基で置換された一連の化合物をエーテル(R-O-R′)という．代表的なジエチルエーテル($C_2H_5OC_2H_5$)は酸素原子

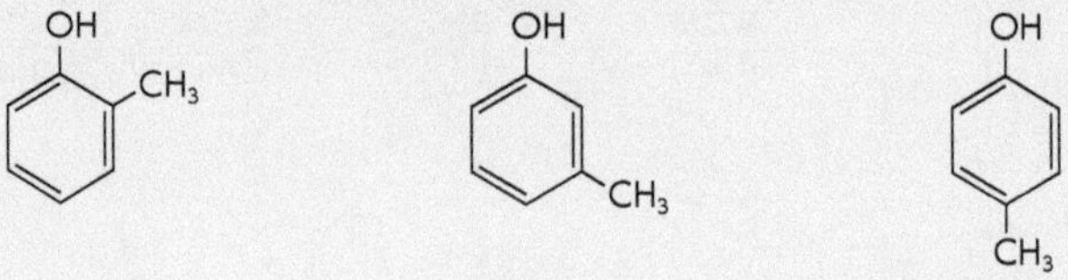

o-クレゾール
(2-メチルフェノール)

m-クレゾール
(3-メチルフェノール)

p-クレゾール
(4-メチルフェノール)

図4.12　クレゾール化合物

に2つのエチル基が結合した化合物である．この化合物は先に述べたように，エタノール(C_2H_5OH)が濃硫酸(H_2SO_4)の存在下で脱水反応を受けて合成される．この化合物は全身性麻酔作用がある．

$$2\ C_2H_5OH \xrightarrow{\text{脱水}} C_2H_5OC_2H_5 + H_2O$$

エタノール　　ジエチルエーテル　　水

(1)エーテルの命名　エーテルは2つの方法で命名される．

①酸素原子の結合している2つのアルキル基名にエーテルという語尾をつける

②エーテル基をもとになる化合物のアルコキシ(RO-)置換体として命名する．

CH_3O- はメトキシ，CH_3CH_2O- はエトキシ，C_6H_5O- はフェノキシという．

(2)エーテルの合成　ウィリアムソンの合成法により，金属アルコキシドとハロゲン化アルキルの反応によりエーテルは合成される．

$$CH_3CH_2CH_2ONa + CH_3CH_2I \longrightarrow CH_3CH_2CH_2OCH_2CH_3 + NaI$$

ナトリウム*n*-プロポキシド　ヨウ化エチル　エチル*n*-プロピルエーテル　ヨウ化ナトリウム

(3)エーテルの反応　エーテルはアルコールと比べて反応性に乏しいが，エーテルをヨウ化水素(HI)の水溶液(ヨウ化水素酸)と加熱すると，C-O結合の開裂が起きる．

$$(CH_3)_2CH\text{-}O\text{-}(CH_2)_3CH_3 \xrightarrow{HI} (CH_3)_2CHI + HO\text{-}(CH_2)_3CH_3 \xrightarrow{HI}$$

ブチルイソプロピルエーテル　ヨウ化イソプロピル　ブタノール

$$CH_3(CH_2)_3I + H_2O$$

ヨウ化ブチル　水

エーテルは酸素(O_2)と接触すると，強い爆発性を有するヒドロペルオキシド(R-O-O-H)が生成する．ジエチルエーテルは抽出溶媒として頻用されるが，使い古したジエチルエーテルを長期間実験室に放置しておくと，エーテル中にペルオキシド(過酸化物，R-O-O-R(H))が生成し，爆発するので注意が必要である．

$$(CH_3)_2CH-O-CH(CH_3)_2 \xrightarrow{O_2} (CH_3)_2C(OOH)-O-CH(CH_3)_2$$

ジイソプロピルエーテル　ヒドロペルオキシジイソプロピルエーテル

d. チオール(R-SH)

硫黄(S)は酸素と同族の元素であり，硫黄を含む官能基(-SH，メルカプト基)をもつ化合物としてチオール(R-SH)またはメルカプタンという．チオールはアルコールとよく似た性質を示している．命名も同様に行われる．

チオールは強い悪臭をもつ．都市ガスにはガス漏れの検知のために微量のメタンチオール(メチルメルカプタン，CH_3SH)が混合されている．チオールは弱い酸化剤で酸化されてジスルフィドR-S-S-R′を与える．タマネギやニンニクの特有の臭いはジスルフィド化合物に由来している．

また，タンパク質を構成するアミノ酸の1つであるシステイン($C_3H_7NO_2S$)はメルカプト基をもっている．このシステインの2分子の間にジスルフィド結合が形成され，タンパク質のポリペプチド鎖をつなぎ，タンパク質に特有の構造を与える．

e. チオエーテル(R-S-R′)

エーテル(R-O-R′)の酸素(O)を硫黄(S)で置換した構造である．チオエーテル(スルフィド)はエーテルの合成と同様に，ウィリアムソンの合成法により合成される．

(1)チオエーテルの反応　ジメチルスルフィド(硫化ジメチル，$(CH_3)_2S$)は二酸化窒素(NO_2)触媒による空気酸化によりジメチルスルホキシド($(CH_3)_2S=O$)を生成する．

ジメチルスルホキシドにおけるS-O結合は極性が高いので，有機物も無機物も溶解する優れた溶媒である．

チオールおよびチオエーテルはそれぞれアルコールおよびエーテルとよく似た性質を示すが，硫黄は酸化されやすい性質をもつため，アルコールやエーテルとは異なる性質を示す．チオエーテルはスルホキシドやスルホンに容易に酸化される．

f. アルデヒド(R-CHO)**およびケトン**(R-CO-R′)

アルデヒド(R-CHO)およびケトン(R-CO-R′)はいずれもカルボニル結合を有し，両官能基は合わせてカルボニル基(>C=O)という．カルボニル基における酸素は炭素よりπ結合の電子に対する親和性が大きいので，カルボニル基は分極している．その結果，カルボニル炭素原子は電子不足系(求電子的)であり，求核試薬*の攻撃を受ける(図4.13)．

* 有機化学反応で，電子密度の低い炭素原子を攻撃する試薬．

この分極性のために，>C=Oが結合している炭素原子上のHは，一般のC-H結合のHよりも酸性であり，生成する陰イオンは共鳴し安定化している．

上記の性質は，カルボニル基が関係する反応の基礎をなすものである．

(1)カルボニル化合物の命名

①アルデヒドは-CHOを含む最も長い炭素鎖を選び，それに相当するアルカンの語尾-ン(-e)をアール(-al)に変えて命名される．ただし，-CHOの炭素の番号を1とする．

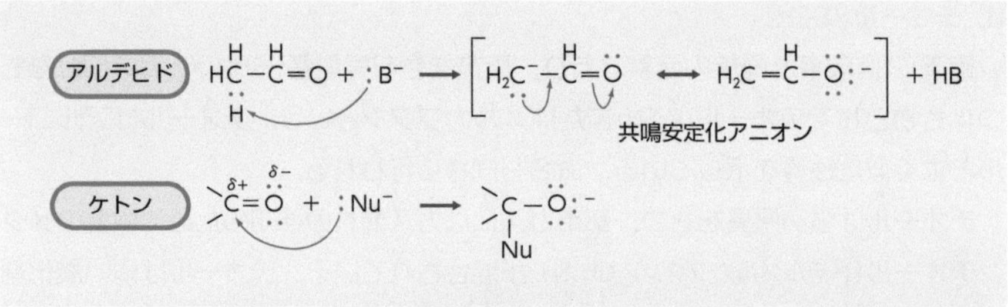

アルデヒド　$HC{-}C{=}O + :B^- \longrightarrow [H_2C^- {-} C{=}O \longleftrightarrow H_2C{=}C{-}O:^-] + HB$

共鳴安定化アニオン

ケトン　$>C{=}O + :Nu^- \longrightarrow >C(Nu){-}O:^-$

図4.13　アルデヒドおよびケトンの反応
Nu：求核試薬

②-CHO が環についている複雑なアルデヒドには接尾語カルバルデヒドが使われる．

③ケトンは>C=O を含む最も長い炭素鎖を選び，それに相当するアルカンの語尾-ンを-オンに変えて命名される．ただし，カルボニル炭素に近い末端から番号がつけられる．

このほか，RCO- はアシル基という．

(2)代表的なカルボニル化合物　ホルムアルデヒド(メタナール，HCHO)は最も簡単なアルデヒドである．刺激性のある気体で，37%水溶液はホルマリンといい，殺菌力があるため，生物試料の保存に用いられている．食品の保存に用いられる燻製(くんせい)は，木材を加熱して，木材のセルロースやリグニンが熱分解して生成するホルムアルデヒドやフェノール(C_6H_5OH)の殺菌力を利用している．また，尿素樹脂(ユリア樹脂)は尿素($(NH_2)_2CO$)とホルムアルデヒドを縮合重合させてできた熱硬化性樹脂で，木材の接着剤や塗料として使われる．

アセトアルデヒド(エタナール，CH_3CHO)は刺激臭がある液体である．エタノール(C_2H_5OH)の酸化で生成する．高級脂肪族および芳香族アルデヒドは芳香をもつものが多い．また，生体内では，グルコース($C_6H_{12}O_6$)，ガラクトース($C_6H_{12}O_6$)など重要な単糖類はホルミル基(アルデヒド基，-CHO)を含んでいるが，糖類の性質はこのアルデヒドの性質に依存している．

アセトン(CH_3COCH_3)は特異な臭いのある無色の液体で，水，アルコール，エーテルと自由に混ざる．極性化合物および無極性化合物のいずれにも溶解するので，有用な溶媒である．カルボニル基(ケトン基，>C=O)を含む生体内化合物としてフルクトース($C_6H_{12}O_6$)などの糖や，コルチゾール($C_{21}H_{28}O_5$，副腎皮質ホルモン)，テストステロン($C_{19}H_{28}O_2$，男性ホルモン)などのステロイドがある．

(3)カルボニル化合物の反応

①**還元反応**：すでに述べたように，第一級アルコールを酸化すると，アルデヒドが生成し，第二級アルコールを酸化するとケトンが生成する．アルデヒドおよびケトンを白金(Pt)の存在下で還元すると，それぞれ第一級アルコールおよび第二級アルコールが生成する．

②**酸化反応**：アルデヒドは容易に酸化され，カルボン酸(R-COOH)を生成する．

図4.14 アルデヒドの酸化(銀鏡反応)

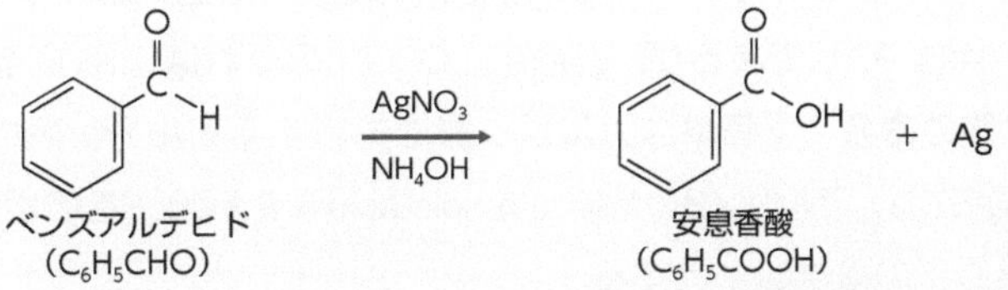

酸化剤としては硝酸銀($AgNO_3$)のアンモニア溶液(NH_4OH，トレンス試薬)が使われ，アルデヒドにより Ag^+ が Ag となり，容器の壁に銀(Ag)が析出する(銀鏡反応．図 4.14)．この反応はアルデヒドの検出に用いられる．一方，ケトンは，アルデヒドとは異なり，>C=O に H が結合していないので，通常酸化されない．

③**アセタール(ケタール)の生成**：アルデヒドおよびケトンは酸触媒の存在下でアルコールと反応し，ヘミアセタールを経由してアセタール(R^1-C(OR^2)(OR^3)-R^4)というエーテルの一種を生じる．この反応は可逆的であり，生成物である水(H_2O)を除去すると反応は右に進むが，水を添加すると逆に左に進む．生体内で重要なはたらきをするグルコースやフルクトースは同一分子内にヒドロキシ基(-OH)とカルボニル基(>C=O)をもち，安定なヘミアセタールを生成し，炭水化物の特有な化学的性質を示す．なお，アセタール($(CH_3CH_2O)_2CHCH_3$)という化合物もある．

④**その他の反応**：カルボニル基は容易にシアン化水素(HCN)を付加してシアノヒドリン(ニトリル基とヒドロキシ基をもつ)を生成する．また，カルボニル化合物における α-メチル基あるいは α-メチレン基は反応性が高く，塩基性触媒の存在下で他のカルボニル化合物のカルボニル基に付加する(アルドール縮合)．カルボニル基の α 炭素原子に結合した水素原子は容易にハロゲン原子で置換される．メチルケトンがヨウ素(I)で多置換される反応はヨードホルム反応という．α 位水素を有しないアルデヒドは濃アルカリの存在下で分子間酸化還元反応を行う(カニッツァロ反応)．

g. カルボン酸(R-COOH)

カルボキシ基(-COOH)をもつ化合物をカルボン酸(R-COOH)という．カルボキシ基はカルボニル基(>C=O)とヒドロキシ基(-OH)とが同一炭素原子を共有しているため，この両官能基が近接位置にあることによる特有の性質を示す．カルボン酸は，求核試薬がカルボキシ基の炭素原子に付加し，ヒドロキシ基の脱離を通して，エステル(R-COO-R)，酸塩化物，酸無水物(R-COOCO-R′)，およびアミド($R-CONH_2$)などの酸誘導体を生成する．

カルボン酸は，カルボキシ基の -OH の水素イオン(H^+)が解離し，フェノール(C_6H_5OH)よりは強いが，一般の無機酸より弱い酸性を示す．また，カルボン酸は分子間の水素結合により二量体を形成する．そのため，カルボン酸は相当する分子量を有するアルコール(R-OH)より沸点が高い．たとえば，プロパノール(C_3H_7OH)の沸点は 97℃であるが，酢酸(CH_3COOH)のそれは 118℃である．

(1)カルボン酸の命名　簡単なカルボン酸は対応するアルカン名の後ろに-酸をつける(英語名では，アルカン名の語尾 -e を -oic acid に変える)．この場合，カルボキシ基の炭素原子の番号を 1 とする．

①ベンゼン環にカルボキシ基が結合している場合は，接尾語をカルボン酸とする．

②表 4.4 に示しているカルボン酸の慣用名が IUPAC 命名法でも認められている．

カルボン酸のハロゲン(X)化物(R-CO-X)では，置換基のアシル基(RCO-)の名称の前に「ハロゲン化」をつける．

(2)代表的なカルボン酸　ギ(蟻)酸(HCOOH)は最も簡単なカルボン酸であるが，その名前はアリ(蟻)に由来する．メタノール(CH_3OH)が代謝され，ホルムアルデヒド(HCHO)を経てギ酸になる．

酢酸(CH_3COOH)は，エタノール(CH_3CH_2OH)がアセトアルデヒド(CH_3CHO)を経て酸化されて生成する．食酢(酢酸濃度 4 ～ 8%)は，酒，ワインなどに含まれるエタノールを酢酸菌で発酵してつくられる．純粋な酢酸の融点は 16.6℃であり，冬季凍るので氷酢酸という．

乳酸($CH_3CH(OH)COOH$)はショ糖，乳糖などの糖が乳酸菌により分解されて生成したものである．ヨーグルトは乳酸菌により生成した乳酸の産生により牛乳中のタンパク質が乳脂とともに凝固したものである．筋肉の急激な運動において，グルコース→ピルビン酸→乳酸の過程(無酸素過程)で筋肉にエネルギーを補給する．

酪酸($CH_3CH_2CH_2COOH$)はエステルの形でバターに含まれているが，バターが酸敗したとき生成し，不快な臭いを発する．

シュウ酸(HOOCCOOH)はホウレンソウに塩の形態で多量に存在する．そのカルシウム塩は，尿中で大きな結晶となり，尿路結石の原因となる．

酒石酸(HOOCCH(OH)CH(OH)COOH)およびその塩はブドウに含まれ，ワインの発酵において得られる．酒石酸の塩は，パスツールにより発見された(1848

表4.4 代表的なカルボン酸（R-COOH）の慣用名およびアシル基

カルボン酸		アシル基	
構造	名称	構造	名称
HCOOH	ギ酸	HCO	ホルミル
CH_3COOH	酢酸	CH_3CO	アセチル
CH_3CH_2COOH	プロピオン酸	CH_3CH_2CO	プロピオニル
$CH_3CH_2CH_2COOH$	酪酸	$CH_3CH_2CH_2CO$	ブチリル
HOOCCOOH	シュウ酸	OCCO	オキサリル
$HOOCCH_2COOH$	マロン酸	$OCCH_2CO$	マロニル
$HOOCCH_2CH_2COOH$	コハク酸	$OCCH_2CH_2CO$	スクシニル
$H_2C=CHCOOH$	アクリル酸	$H_2C=CHCO$	アクリロイル
C_6H_5COOH	安息香酸	C_6H_5CO	ベンゾイル

年）鏡像異性の研究材料となったものである．

クエン酸（$HOOCC(OH)(CH_2COOH)_2$）は梅干，ミカンやレモンなどに含まれ，酸っぱさの原因になっている．糖代謝の中核をなすクエン酸回路を構成する重要な化合物である．

安息香酸（C_6H_5COOH）は東南アジアの高木である安息香の樹液にエステルの形で含まれ，防腐剤，薬用として解熱剤，去痰剤などに使用される．

サリチル酸（$C_6H_4(OH)COOH$）は天然にはシラカバ皮油などの植物油の中に含まれる．皮膚の角質を溶解するので，うおのめやいぼの治療などに用いられ，以前は防腐剤に利用されていた．

図 4.15 に食品のおもなカルボン酸を示す．

(3)カルボン酸の合成　カルボン酸は第一級アルコールおよびアルデヒドの酸化により得られる．第一級アルコールは三酸化クロム（CrO_3），二クロム酸ナトリウム（$Na_2Cr_2O_7$）などで酸化される．

アルデヒドは先に述べたようにトレンス試薬で酸化される．長鎖カルボン酸は油脂の加水分解により得られる．

(4)カルボン酸の反応

①**還元反応**：一般にカルボン酸は還元されにくいが，強い還元剤である水素化リチウムアルミニウム（$LiAlH_4$）により還元されて第一級アルコールを生成する．

②**エステルの生成**：酸触媒の存在下，カルボン酸とアルコールとを加熱すると，脱水縮合してエステルが生成する．

この反応は可逆反応で，アルコールを大量に用いれば，エステル生成のほうに平衡がずれる．

③**ハロゲン化アシルの生成**：カルボン酸にハロゲン化剤である五塩化リン（PCl_5）や塩化チオニル（$SOCl_2$）などを反応させると，酸ハロゲン化物（R-CO-X）を生じる．

酸ハロゲン化物は反応性が強く，次のように，カルボン酸（R-COOH），エステル（R-COO-R），酸アミド（$R-CONH_2$）および酸無水物（R-COOCO-R）を生成する．

$$RCOCl + H_2O \longrightarrow RCOOH + HCl$$

$$RCOCl + ROH \longrightarrow RCOOR + H_2O$$

図4.15　カルボン酸の例

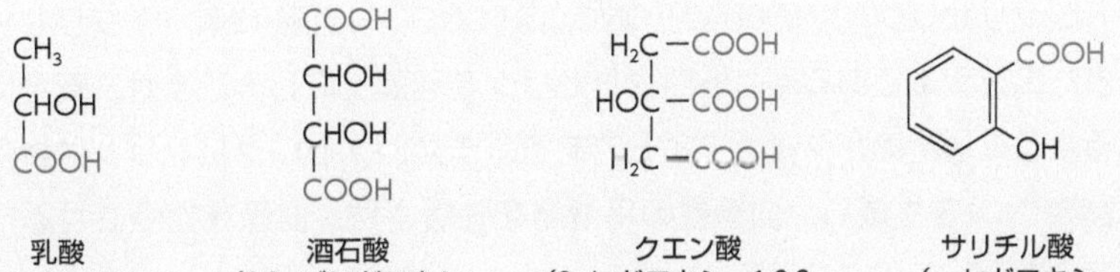

乳酸（2-ヒドロキシプロパン酸）：$CH_3-CHOH-COOH$

酒石酸（2,3-ジヒドロキシブタン二酸）：$COOH-CHOH-CHOH-COOH$

クエン酸（2-ヒドロキシ-1,2,3-プロパントリカルボン酸）：$H_2C(COOH)-HOC(COOH)-H_2C(COOH)$

サリチル酸（o-ヒドロキシ安息香酸）：ベンゼン環に COOH と OH

図4.16 エステルの例

CH_3COCH_3（C=O）　酢酸メチル

$H_2C(COOCH_2CH_3)_2$　マロン酸ジエチル

シクロヘキサンカルボン酸メチル

$$RCOCl + NH_3 \longrightarrow RCONH_2 + HCl$$
$$RCOCl + RCOOH \longrightarrow RCOOCOR + HCl$$

h. エステル(R-COO-R′)

エステルはカルボン酸(R-COOH)とアルコール(R-OH)との脱水縮合により生成した化合物(R-COO-R)である．エステルは電気的に極性が小さいので，水に溶けにくく，有機溶媒に溶けやすい．また，揮発性が高い．

(1)エステルの命名　エステルはカルボン酸の名前の後にアルキル基名をつけて命名される(図 4.16)．英語名では，逆にアルキル基名の後にカルボン酸名をつけるが，カルボン酸名の -ic acid を -ate に変形して用いる．

(2)代表的なエステル　植物の精油には，低級カルボン酸と低級アルコールのエステルが含まれ，特有の芳香を示す．たとえば，モモには，ギ酸エチル($HCOOC_2H_5$)，酪酸エチル($CH_3(CH_2)_2COOC_2H_5$)が，ブドウにはギ酸エチル，ヘプタン酸エチル($CH_3(CH_2)_5COOC_2H_5$)，バナナには酢酸イソペンチル($CH_3COO(CH_2)_2CH(CH_3)_2$)，酪酸ヘプチル($CH_3(CH_2)_2COO(CH_2)_6CH_3$)などが存在する．

ロウは高級カルボン酸と高級一価アルコールのエステルであり，油脂は高級脂肪酸と三価アルコールであるグリセリン(グリセロール)のエステルである．サリチル酸メチル($C_6H_4(OH)COOCH_3$)は歯磨き粉やガムの香料として，また消炎剤として用いられる．また，アセチルサリチル酸($C_6H_4(OCOCH_3)COOH$)はアスピリンとして知られている鎮痛，解熱および抗炎症剤である．この効果は化合物によるプロスタグランジン E の生合成に関与する酵素の阻害によるものである．

また，エステル結合(-COO-)でつながった高分子をポリエステルという．代表的なポリエステル(商品名テトロン)はエチレングリコール($HOCH_2CH_2OH$)とテレフタル酸($HOOCC_6H_4COOH$)を縮重合させてできたものである(図 4.17)．この物質は繊維などに使用されている．

ニトログリセリン($O_2NOCH_2CH(ONO_2)CH_2ONO_2$)も硝酸($HNO_3$)とグリセリンからできたエステルである．ニトログリセリンを珪藻土(けいそうど)にしみこませ，安全にもち運べるようにしたのがダイナマイトである．また，ニトログリセリンは体内で一酸化窒素(NO)を生成し，血管壁の平滑筋を弛緩させ，血管を拡張させるため，狭心症の薬として用いられる．

(3)エステルの反応　エステルを硫酸や塩酸などの酸の存在下で加水分解する

図4.17 ポリエステルの合成

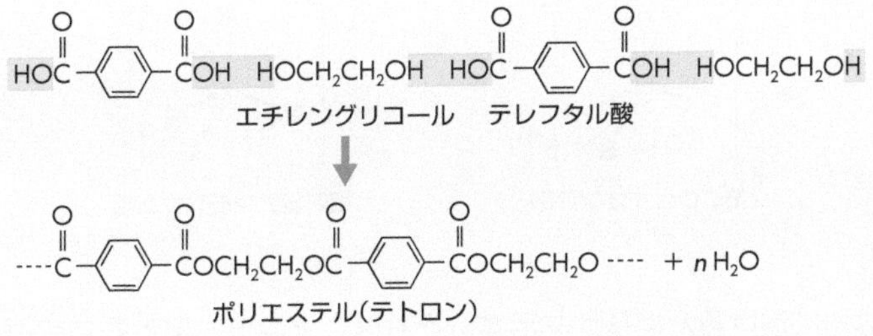

HOC-⟨⟩-COH　HOCH₂CH₂OH　HOC-⟨⟩-COH　HOCH₂CH₂OH

エチレングリコール　テレフタル酸

↓

----C-⟨⟩-COCH₂CH₂OC-⟨⟩-COCH₂CH₂O ----　+ $n\,H_2O$

ポリエステル(テトロン)

とカルボン酸とアルコールを生じる．また，水酸化ナトリウム(NaOH)などのアルカリ水溶液中で加水分解するとアルカリ塩を生成する．この反応はけん化という．石けんは油脂をアルカリで加水分解してつくられる．

エステルのカルボニル基(>C=O)は水素化アルミニウムリチウム($LiAlH_4$)で容易に還元され，炭素-酸素結合が開裂して 2 種類のアルコールが生成する．また，エステルはアンモニア(NH_3)と反応して酸アミドを生成する．

B. 窒素含有有機化合物

窒素原子(N)を含む官能基は，アミン($R\text{-}NH_2$)，アミド($R\text{-}CONH_2$)，ニトリル(R-C≡N)などがある．

a. アミン($R\text{-}NH_2$，R-NH-R′)

アミンはアンモニア(NH_3)の誘導体である．アンモニアの窒素原子に結合している置換基の数にしたがって，第一級アミン(R^1NH_2)，第二級アミン(R^1R^2NH)，第三級アミン($R^1R^2R^3N$)に分類される．第二級アミンにおける-NH-または＝NHはイミノ基という．

窒素(N)は 15 族の元素で，最外殻に 5 個の電子をもつ．アンモニアでは，5 個のうち 3 個が水素の 1s 電子と対を形成し，最外殻に 8 個の電子が存在し安定化する．アンモニアにおける H-N-H の結合角は 104.5°である．図 2.14 に示したように，1 対の孤立電子対が存在し，これがアンモニアの塩基性の要因となっている．この孤立電子対が水素イオン(H^+)に電子を配位してアンモニウムイオン(NH_4^+)を生成する．

アンモニウムイオンは図 4.18 に示したように正四面体構造をしているが，アンモニウムイオンにおいて 4 個の水素原子はすべて R^1，R^2，R^3，R^4 と結合することが可能である．このようなアルキル基(R-)で置換することによりできた塩を第四級アンモニウム塩という．

アミンはアルコールと同じように極性が強く，水に溶けやすい．また，第一級および第二級アミンは分子間で水素結合するために沸点が高いが，第三級アミンは水素原子をもたないため，沸点は低い．

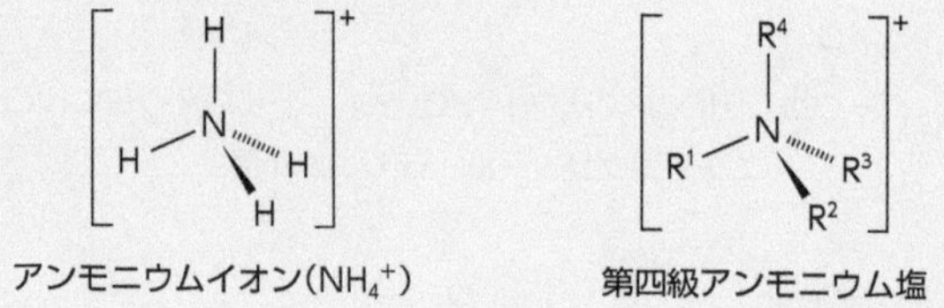

アンモニウムイオン(NH_4^+)　　第四級アンモニウム塩

図4.18　アンモニウムイオンおよび第四級アンモニウム塩の構造

アミンは水に溶けると塩基性を示す．それは，アンモニアと同じく孤立電子対をもつため，自ら水素イオンにその電子対を配位し，アルキルアンモニウムイオンと水酸化物イオン(OH^-)を生じるためである．第一級，第二級および第三級アミンはアンモニアより塩基性が強いが，第四級アンモニウムイオンは孤立電子対をもたないため，塩基性を示さない．

(1)アミンの命名

①第一級アミンの場合：

ⅰ)アルキル置換基のアミンにおいては，置換基名の後にアミンをつける．

ⅱ)優先順位の高い他の置換基が存在する場合は，$-NH_2$ をアミノ置換基とみなす(図 4.19A)．

②第二級および第三級アミンの場合：

ⅰ)置換基が同じ場合，置換基名にジまたはトリをつける．

ⅱ)置換基が異なる場合，最も大きい置換基の後にアミンをつけ，図 4.19B に示したように，他の置換基の前に *N* をつけて置換していることを明示する．

ⅲ)環状のアミンには慣用名を使うことができる．

図 4.20 の化合物のうち，アニリンの誘導体は染料の原料になるので重要である．また，ピリジンおよびピリミジンはベンゼンと，キノリンはナフタレンと同じ π 電子を有するため，芳香族性を示す．

ピリジンやピリミジン，プリンのように，環内に炭素原子のほかに窒素原子などの異種の原子を含むものを複素環という．

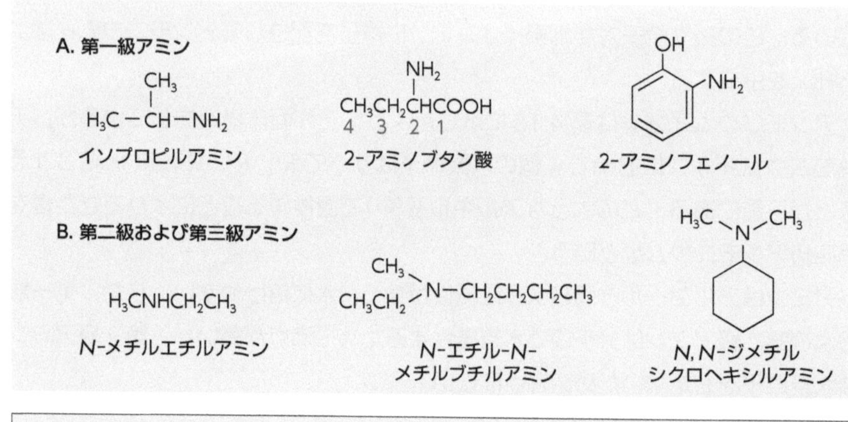

図4.19　第一級，第二級および第三級アミン

図4.20　環状アミン

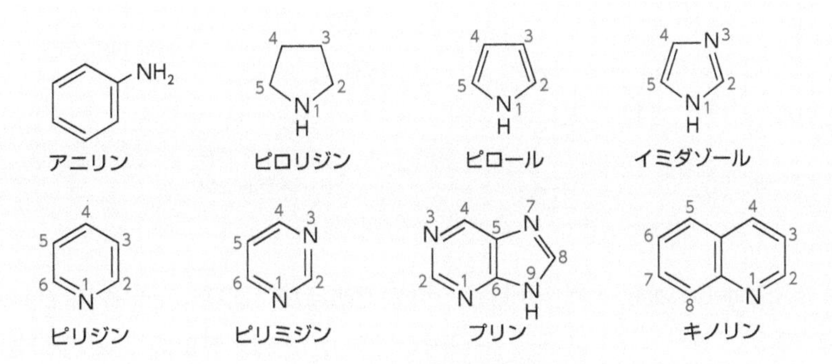

(2)種々のアミン化合物　タンパク質が酵素や微生物により分解され悪臭が生じるのはアミンが生成されるからである．トリメチルアミン($(CH_3)_3N$)は魚の腐敗臭のおもな原因物質である．ジアミンであるプトレシンやガダベリンも悪臭があり，ガダベリンは死臭のもとになる物質である．

アミンには，生体内で重要なホルモンや神経伝達物質としてはたらく重要なホルモンが多い．ドーパミン(ドパミン，$C_8H_{11}NO_2$)，アドレナリン(エピネフリン，$C_9H_{13}NO_3$)，ノルアドレナリン(ノルエピネフリン，$C_8H_{11}NO_3$)は，アミノ酸のチロシン($C_9H_{11}NO_3$)から誘導されたカテコールとアミンを有する化学物質カテコールアミンである(図 4.21)．

アドレナリンは副腎髄質から分泌され，血液で運ばれ，交感神経系を興奮させる．その結果，心拍数を増やし，血管を収縮して血圧を上げ，気管支を拡張させる．肝臓や筋肉のグリコーゲンを分解して血糖を増やし，脂肪組織の脂肪を分解し，遊離脂肪酸を増加させる効果を示す．ノルアドレナリンは交感神経の末端から放出される神経伝達物質であり，副腎髄質からも分泌される．アドレナリンと

図4.21　ホルモン作用を有するアミン

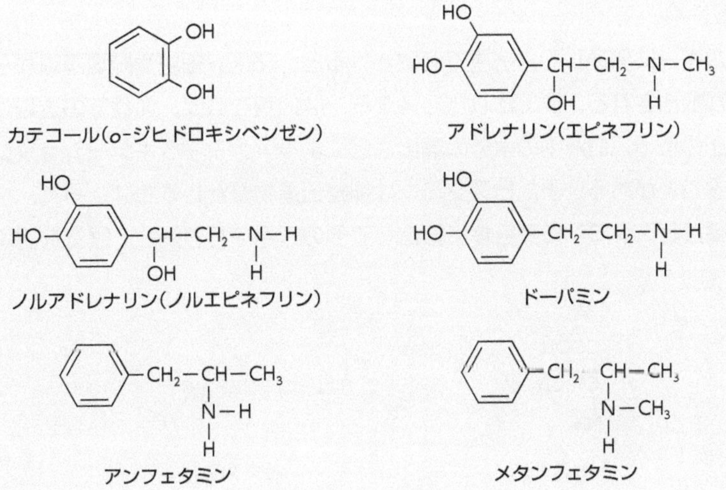

カテコール(*o*-ジヒドロキシベンゼン)

アドレナリン(エピネフリン)

ノルアドレナリン(ノルエピネフリン)

ドーパミン

アンフェタミン

メタンフェタミン

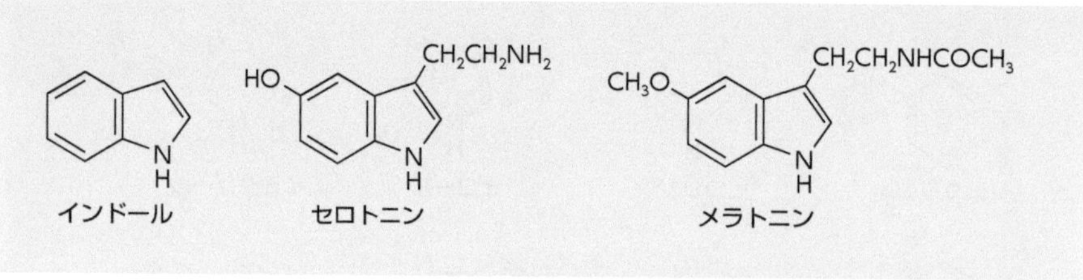

図4.22 インドール，セロトニンおよびメラトニン

インドール　セロトニン　メラトニン

同様な作用を示し，血圧上昇作用はより強力であるが，血糖値上昇作用ははるかに弱い．また，ドーパミンは神経伝達物質であり，ノルアドレナリン，アドレナリンの前駆物質である．パーキンソン病はドーパミンの不足により発症する疾患である．

アンフェタミンおよびメタンフェタミンはノルアドレナリンと類似の化学構造を示し，覚醒剤として利用されるが，連用すると依存症になり，幻覚妄想などの精神病症状や性格変化を起こす．これらの化合物は，脳内のノルアドレナリンの貯蔵箇所に入り込み，ノルアドレナリンを追い出し，追い出されたノルアドレナリンは神経細胞にはたらきかけ刺激を与える．

セロトニンとメラトニンはインドールアミンに属し（図 4.22），体内でトリプトファンより合成される．

セロトニンは，脳内にある神経伝達物質で，睡眠，記憶，食欲などの脳機能に関与する．メラトニンは脳の松果体から分泌されるホルモンである．体の睡眠のサイクル，体温，血圧などの変動に関係する．メラトニンの分泌は目に入る日光の量と関連し，視床下部で調節されており，明るいときは少なく，暗くなると多くなる．昼夜の別，季節の変化に応じて体を適応させている．

ヒスタミン（$C_5H_9N_3$）はイミダゾール骨格をもつアミンであり，体内で，好塩基球，肥満細胞，胃粘膜，中枢神経系などでヒスチジン（$C_6H_9N_3O_2$）より合成される（図 4.23）．

アレルギーに関連して，抗原で刺激されると，マスト細胞や好塩基球からヒスタミンが放出される．放出されたヒスタミンは血管を広げ，血管壁の透過性を高め，血圧の低下，血液中の水分の漏出などによりアナフィラキシーショックを引き起こすことがある．またヒスタミンは神経伝達物質としてもはたらく．抗ヒスタミン薬はヒスタミンの受容体に結合してその作用を打ち消し，眠気を誘導する．

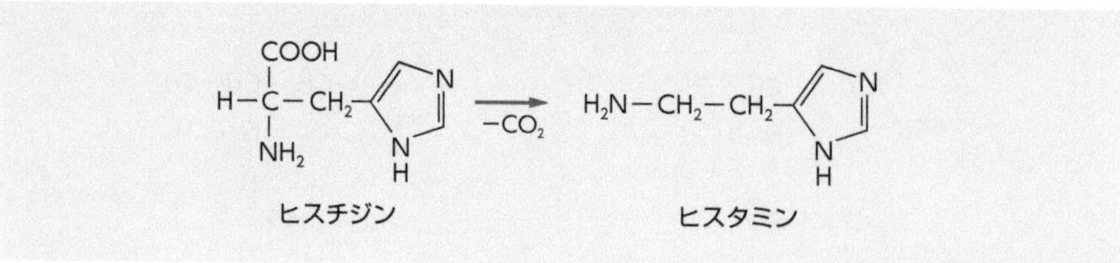

図4.23 ヒスチジンとヒスタミン

ヒスチジン　$-CO_2$　ヒスタミン

アルカロイド

アルカロイドは，植物中の窒素(N)を含む塩基性物質で，植物塩基ともいわれる．アミノ基やイミノ基をもつものが多く，アミンの１つである．強い生理・薬理作用をもち，苦味がある．

モルフィンは，ケシの未熟果の乳液を乾燥させてつくるアヘンの中に９～14%含まれ，モルヒネともいう．モルフィンのメチルエーテルであるコデインはアヘンの中に１～5%含まれている．また，ヘロインはモルフィンの酢酸エステルである．

モルフィンは痛みを和らげ，眠気を生じさせ，快感を伴う陶酔をもたらすが，連用すると習慣性を生じ，次第に用量を増やさないと効かなくなり，中毒になるので，麻薬に指定されている．モルフィンの塩酸塩は麻酔剤や鎮痛剤として用いられる．コデインの作用はモルフィンより弱いが，習慣性が生じる．コデインは咳止めに使われる．ヘロインはモルフィンより数倍効果が強く，危険なため，製造・使用が禁止されている．一般に，モルフィンは血液脳関門を2%程度しか通過しないがヘロインは無極性なので65%も脳内に入り，加水分解され，モルフィンとなる．モルフィン類は脳のオピオイド受容体と結合して神経伝達物質の分泌を抑制し，鎮痛作用を生じる．脳内で分泌されるペプチド，エンドルフィンやエンケファリンも同じ受容体と結合し，モルフィンと同様な作用を示す．窒素化合物ではないが，モルフィンと同様に幸福感，幻覚，眠気などをもたらす，大麻の葉から得られるマリファ

代表的なアルカロイド化合物

ナの有効成分としてテトラヒドロカンナビノールがある．しかし，麻薬としてはモルフィンより弱い．

ニコチンはタバコの葉に1～8%含まれており，猛毒で，中毒量は1～4mg，致死量は30～40mgである．ニコチンは習慣性をもち，少量で神経を興奮させ，血管，消化管を収縮させ，量が多くなると抑制効果がある．

カフェインはコーヒー豆中に1～2%，乾燥茶葉の中に1～3%含まれている．中枢神経興奮作用があり，眠気を除く．心筋の収縮力を増大し，冠状動脈を拡張するので，狭心症にも有効である．また，利尿や胃酸分泌促進作用がある．

コカインは南アメリカ原産の植物コカの葉から得られる．昔インディオはコカの葉を鎮痛に使用していた．吸収すると中枢神経系を興奮させ，恍惚(こうこつ)状態を招く．習慣性禁断症状はモルフィンほど強くないが，麻薬に指定されている．

エフェドリンは漢方薬の麻黄(まおう)の中から見いだされたもので，心拍数を増やし，血圧を上昇させる．気管支筋弛緩作用があり，咳止めに用いられる．また，マラリアの特効薬であるキニーネも，アカネ科の植物キナから得られるアルカロイドである．

(3)アミンの合成

①ハロゲン化アルキルとアンモニア(NH_3)との反応により，第一級，第二級，第三級アミンおよび第四級アンモニウム塩の混合物が得られる．

$$RX + NH_3 \longrightarrow \underset{\text{アンモニウム塩}}{RNH_3^+X^-} \xrightarrow{NaOH} \underset{\text{第一級アミン}}{RNH_2}$$

$$RX + \underset{\text{第一級アミン}}{RNH_2} \longrightarrow \underset{\text{アンモニウム塩}}{R_2NH_2^+X^-} \xrightarrow{NaOH} \underset{\text{第二級アミン}}{R_2NH}$$

$$RX + \underset{\text{第二級アミン}}{R_2NH} \longrightarrow \underset{\text{アンモニウム塩}}{R_3NH^+X^-} \xrightarrow{NaOH} \underset{\text{第三級アミン}}{R_3N}$$

$$RX + \underset{\text{第三級アミン}}{R_3N} \longrightarrow \underset{\text{アンモニウム塩}}{R_4N^+X^-} \xrightarrow{NaOH} \underset{\text{第四級アンモニウム塩}}{R_4N^+X^-}$$

②ニトリルおよびアミドを水素化アルミニウムリチウム($LiAlH_4$)で還元して得られる．

$$R^1C{\equiv}N \xrightarrow{LiAlH_4} R^1CH_2NH_2$$

$$R^1CONR^2R^3 \xrightarrow{LiAlH_4} R^1CH_2NR^2R^3$$

(4)アミンの反応

①**酸との反応**：アミンは塩基性であるので，酸と反応して塩を生成する．アミンは水に溶けにくいが，塩になると水に溶けやすくなる．

②**ハロゲン化アルキルとの反応**：上述したように，アミンをハロゲン化アルキルと反応させると，第四級アンモニウム塩が生じる．生体内で重要な第四級アンモニウム塩としてコリン($HOCH_2OH_2N^+(CH_3)_3X^-$)があり，リン脂質の構成成分となっている．アセチルコリンは神経伝達物質としてはたらく．

③**亜硝酸との反応**：亜硝酸とアミンとの反応は，第一級，第二級および第三級アミンにより異なる．第一級アミンとの反応では，ニトロソアミンを生じ，次いでアルコールが生成する．第二級アミンでは，安定なニトロソアミンが生成する．第三級アミンでは，亜硝酸の塩が生成する．一方，芳香族アミンは，亜硝酸と反応してジアゾニウム塩を生成する．ジアゾニウム塩は芳香族化合物のハロゲン化(サンドマイヤー反応)やアゾ染料の合成に用いられる．

b. アミド($R\text{-}CONH_2$)

アミドでは，カルボニル基の炭素原子が窒素原子と結合している．同様な結合が，アミノ酸のグルタミン($H_2NCO(CH_2)_2CH(COOH)NH_2$)およびアスパラギン($H_2NCOCH_2CH(COOH)NH_2$)ならびにタンパク質構造におけるペプチド結合において見られるので，この結合は特に重要である．

(1)アミドの命名

①置換されていないアミノ基をもつアミドは，-酸(英語名では -oic acid または -ic acid)を -アミド(-amide)に変えるか，または-カルボン酸(-carboxylic acid)を-カルボキサミドに変える(図 4.24A)．

②置換されているアミノ基をもつアミドは，母体名の前に *N*-置換基名をつけて命名する(図 4.24B)．

(2)代表的なアミド　アミドは，アンモニア(NH_3)の 1 つの水素原子が 1 個のアシル基(RCO-)と置換したものである(図 4.25)．

尿素(H_2NCONH_2)は歴史的に重要な化合物で，シアン酸アンモニウム塩を加熱することにより得られるが，肥料，家畜用飼料，プラスチック，バルビツール酸系鎮痛剤などの原料として使われている．

ナイロン 66 はアジピン酸($HOOC\text{-}(CH_2)_4\text{-}COOH$)の 1,6-ヘキサンジアミン塩を高温・高圧下で反応させ，溶融ナイロン重合体よりつくられたものである．ナイロンはタンパク質繊維に似たポリアミドで，初めて開発された合成繊維である．

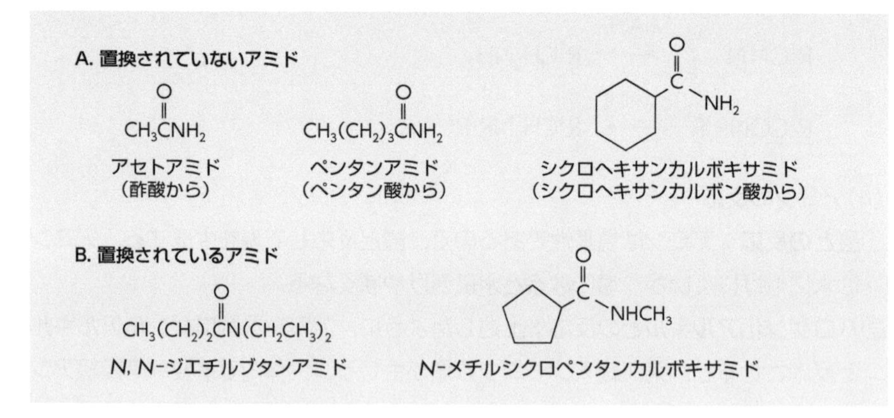

図4.24 アミドの命名

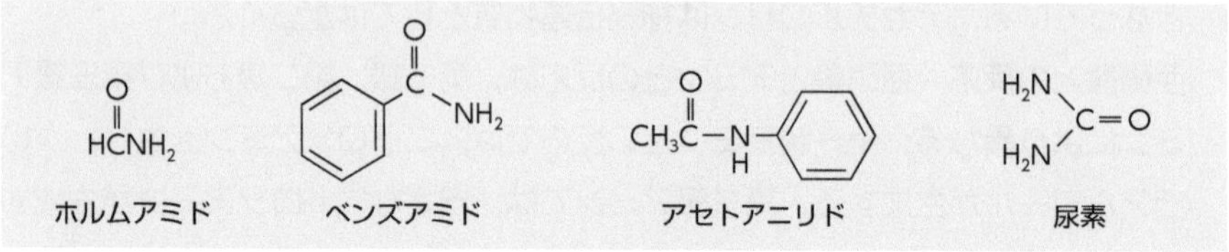

HCNH₂ → $HCNH_2$ ホルムアミド　ベンズアミド　$CH_3C-N(H)-C_6H_5$ アセトアニリド　$(H_2N)_2C=O$ 尿素

図4.25 代表的なアミド化合物

ナイロン繊維においては巨大分子が平行に配列し，分子間の水素結合により互いに保持されている．

アセトアニリド（$CH_3CONHC_6H_5$）は，解熱剤・鎮痛剤として使用されていたが，副作用があるので最近は使用されなくなった．類似の薬剤として，フェナセチン（*p*-エトキシアセトアニリド）も腎・泌尿器障害などの副作用で禁止された．現在アセトアミノフェン（$C_8H_9NO_2$）が使用されている．アセトアミノフェンは，アスピリンの代用薬として使用されてきたが，抗炎症作用はない．

(3)アミドの合成　アミドは酸ハロゲン化物（R-CO-X）とアンモニア（NH_3）またはアミンとの反応で合成される．

$$R^1COCl + NH_3 \longrightarrow R^1CONH_2 + HCl$$

塩化アシル　アンモニア　アミド

$$R^1COCl + R^2NH_2 \longrightarrow R^1CONHR^2 + HCl$$

第一級アミン

$$R^1COCl + R^2R^3NH \longrightarrow R^1CONR^2R^3 + HCl$$

第二級アミン

(4)アミドの反応

①**加水分解**：アミドの加水分解は，タンパク質の構造と消化とを理解するうえで，重要である．アミドの加水分解は酸または塩基の存在下で行われるが，アミドの酸性加水分解では生成物の１つであるアンモニアあるいはアミンは酸と反応して塩を形成するので，反応が完結するまで進行する．

$$CH_3CONH_2 + H_2O \xrightarrow{H^+} CH_3COOH + NH_4^+$$

アセトアミド　　　　　　　　　　酢酸

②脱水反応：アミドの脱水は脂肪族ニトリルの合成に利用される．たとえば，イソブチロニトリルは粉末化したイソブチルアミドと五酸化リン(P_2O_5)とを加熱して合成される．

$$(CH_3)_2CHCONH_2 \xrightarrow[\text{加熱}]{P_2O_5} (CH_3)_2CHC{\equiv}N + H_2O$$

イソブチルアミド　　　　イソブチロニトリル

③還元反応：アミドを水素化アルミニウムリチウム($LiAlH_4$)で還元するとカルボニル基はメチレン基($-CH_2-$)になりアミンを生成する．

$$RCONH_2 \xrightarrow{LiAlH_4} RCH_2NH_2$$

c. ニトリル($R-C{\equiv}N$)

ニトリルは，アミドから生成すること，それからカルボン酸が合成されることから，カルボン酸に関連深い化合物である．

(1)ニトリルの命名

①ニトリルは，母体となる炭化水素名の後にニトリルを付記して命名する．

$CH_3(CH_2)_3C{\equiv}N$　ペンタンニトリル

②ニトリルより優先順位の高い官能基が存在する場合，ニトリル基はシアノという接頭語をつける．

$C_6H_5CH_2CH(C{\equiv}N)CO_2H$　2-シアノ-3-フェニルプロピオン酸

(2)代表的なニトリル　アセトニトリル(CH_3CN)は水とはいかなる割合でも溶ける．近年物質の分離分析に用いられる逆相液体クロマトグラフィーの溶媒として利用されている．また，モモやアーモンドの種子に含まれるアミグダリン($C_{20}H_{27}NO_{11}$)はニトリル基をもつ配糖体[*1]であり，糖部分が加水分解により除去されるとシアン化水素(HCN)を発生するので，毒性がある．

(3)ニトリルの合成　ニトリルは「アミドの反応」で述べたように，アミドに五酸化リンと反応させて脱水反応により合成される．

(4)ニトリルの反応

①加水分解：ニトリルは酸加水分解によりアミドを経て最終的に酸を生成する．

$$CH_3C{\equiv}N \xrightarrow{H^+} CH_3CONH_2 \xrightarrow{H^+} CH_3COOH + NH_4^+$$

アセトニトリル　　アセトアミド　　　酢酸

②還元反応：ニトリルを，ラネーニッケル[*2](Ni)を触媒として接触還元するか，あるいは水酸化アルミニウムリチウム($LiAlH_4$)で還元すると第一級アミンが生成する．

＊1　糖がグリコシド結合によりアルコールやフェノールなどのヒドロキシ基をもつ有機化合物と結合した化合物の総称．

＊2　マレイ・ラネイにより考案されたラネー合金(ニッケルとアルミニウムの合金)から，アルカリ溶液でアルミニウムを溶かし，微粉状にしたニッケル．

$$C_6H_5CH_2C{\equiv}N \xrightarrow{LiAlH_4} C_6H_5CH_2CH_2NH_2$$

ベンジルニトリル　　　2-フェニルエチルアミン

PFAS(ピーファス)

炭素とフッ素の結合をもつ有機化合物を有機フッ素化合物という．有機フッ素化合物のうち，ペルフルオロアルキル化合物とポリフルオロアルキル化合物を総称しPFASといい，1万種類以上の物質があるとされる．PFASの一種であるPFOS(ピーフォス：ペルフルオロオクタンスルホン酸)とPFOA(ピーフォア：ペルフルオロオクタン酸)は，撥水性と撥油性の性質をあわせもち，金属メッキ処理剤，泡消火剤，界面活性剤などの用途で幅広く使用されている．化学的にきわめて安定性が高く難分解性であるため，長期にわたり環境中に残留すると考えられており，環境や食物連鎖を通じてヒトの健康に影響を及ぼす可能性が指摘されている．

PFAS：per-and polyfluoroalkyl substances

PFOS：perfluorooctane sulfonate

PFOA：perfluorooctanoic acid

(　　)に入る適切な語句を答えなさい.

①分子中に二重結合を含む炭化水素は(　　)という.

②アセトアルデヒドは(　　)の酸化で生成する.

③アミンは水に溶けると，(　　)性を示す.

基礎編

5. 有機化合物の反応

ロバート・バーンズ・ウッドワード(1917〜1979)
アメリカ出身の20世紀最大の有機化学者．コレステロール，クロロフィル，ビタミンB_{12}などの多くの天然物を合成した．有機合成法の貢献で1965年にノーベル化学賞を受賞した．

5.1 酸化・還元

酸化・還元とは電子の受け渡し，すなわち酸化数の変化を伴う反応である．有機化合物の酸化では，主として分子中に酸素(O)が入るか，または分子から水素(H)が脱離する．一方，有機化合物の還元では，主として分子中に水素が入る反応である．

A. 酸化反応

酸化とは酸素を導入するか，または水素を除去する反応であるが，広義には電子を除去する反応であると定義される．以下に代表的な酸化について概説する．

a. 不飽和炭化水素(アルケン)**の酸化**

アルケンは常温で過マンガン酸塩の薄いアルカリ性溶液と反応して，2個のヒドロキシ基(-OH)が導入され，1,2-ジオールまたはグリコールを生成する(図5.1)．2個のヒドロキシ基は二重結合の同じ側から導入されるので，シス付加となる．また，この反応は炭素-炭素二重結合の有無を知るのに有用である．すなわち，二重結合が存在していれば，反応が進行するにしたがって過マンガン酸塩溶液の濃紫色は退色し，二酸化マンガン(MnO_2)の暗褐色の沈殿が生成してくる．

図5.1 アルケンの酸化によるシス形ジオールの生成

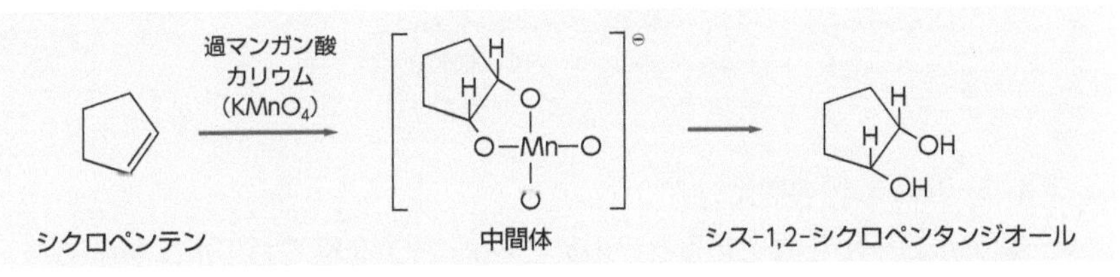

一方，アルケンはメタクロロ過安息香酸(*m*-CPBA)などの有機過酸化物と反応させると，エポキシド(三員環に酸素原子が存在するエーテル)を生成する．次い

でエポキシドを薄い酸で加水分解するとトランス-1,2-ジオールが得られる(図5.2).

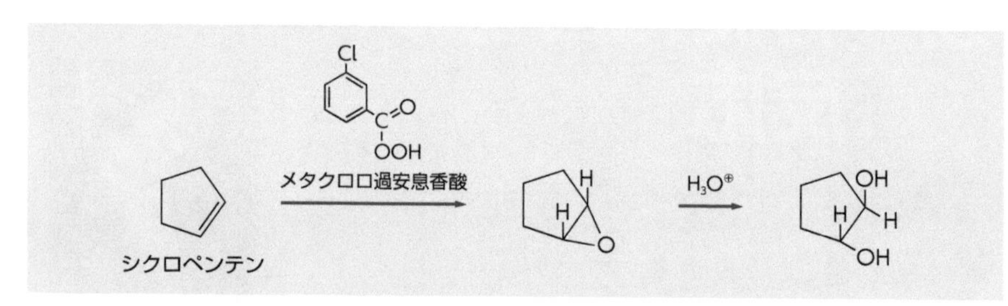

図5.2 アルケンの酸化によるトランス形ジオールの生成

アルケンにオゾン(O_3)を作用させると，炭素-炭素二重結合が切断され，**オゾニド**といわれる不安定な中間体を経て，さらに亜鉛(Zn)存在下でそれぞれ炭素-炭素二重結合が存在していた位置にカルボニル基(>C=O)が導入される(図5.3).このような酸化をオゾン酸化という.

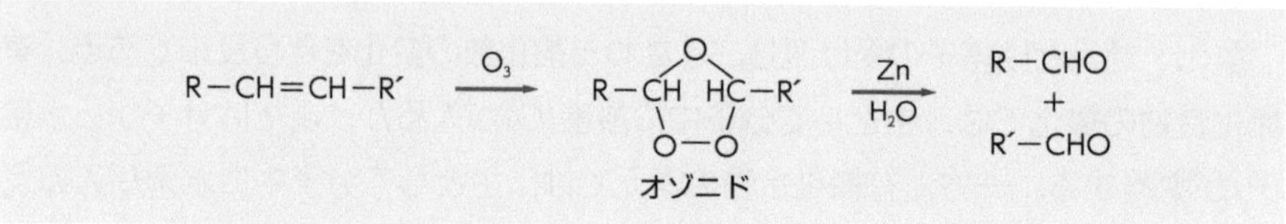

$$R-CH=CH-R' \xrightarrow{O_3} \underset{\text{オゾニド}}{R-CH(-O-)(-O-O-)HC-R'} \xrightarrow[H_2O]{Zn} R-CHO + R'-CHO$$

図5.3 アルケンのオゾン酸化

また，オゾン酸化による生成物からもとのアルケンの構造についての情報を得ることができる.たとえば，同じ分子式(C_4H_8)をもつ2種のブテンをオゾンで作用させた後，加水分解すると，異なる2種の生成物が得られる(図5.4).ホルムアルデヒド(メタナール)およびプロパナールが得られれば出発物質は1-ブテン，アセトアルデヒド(エタナール)のみが得られると，出発物質は2-ブテンであることがわかる.

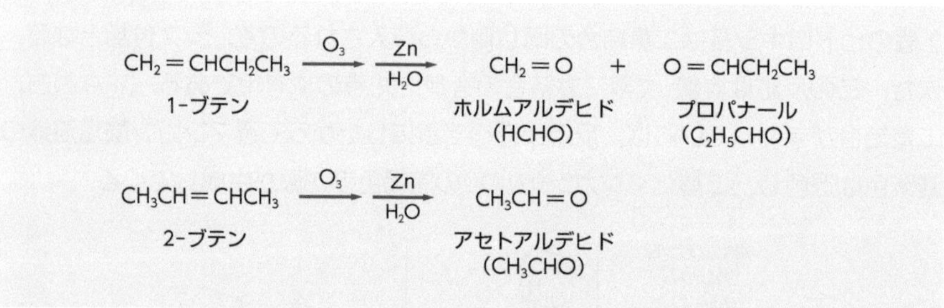

$$\underset{\text{1-ブテン}}{CH_2=CHCH_2CH_3} \xrightarrow{O_3} \xrightarrow[H_2O]{Zn} \underset{\substack{\text{ホルムアルデヒド}\\(HCHO)}}{CH_2=O} + \underset{\substack{\text{プロパナール}\\(C_2H_5CHO)}}{O=CHCH_2CH_3}$$

$$\underset{\text{2-ブテン}}{CH_3CH=CHCH_3} \xrightarrow{O_3} \xrightarrow[H_2O]{Zn} \underset{\substack{\text{アセトアルデヒド}\\(CH_3CHO)}}{CH_3CH=O}$$

図5.4 ブテンの異性体に由来するオゾン酸化の生成物

b. アルコール(R-OH)の酸化

第一級アルコールを酸化するとアルデヒド(R-CHO)を経てカルボン酸(R-COOH)が生成する.三酸化クロム(CrO_3)の無水ピリジン溶液(コリンズ試薬)は温和な酸化剤で，第一級アルコールをアルデヒドに酸化するが，カルボン酸にまでは酸化しない．一方，二クロム酸ナトリウム（$Na_2Cr_2O_7$）の硫酸溶液は強力な酸化剤で，第一級アルコールを容易に酸化して，アルデヒドにし，さらに急速に酸化してカルボン酸を生成する．第二級アルコールは二クロム酸（$H_2Cr_2O_7$）によって容易にケトン（R-CO-R′）に酸化される．第三級アルコールは通常の条件では酸化されない（図 4.11 参照）．

c. カルボニル化合物の酸化

アルデヒドおよびケトンをカルボニル化合物という．アルデヒドは非常に酸化されやすく，その性質を利用して他の官能基から区別する方法がある．

銀イオン（Ag^+）は非常に温和な酸化剤で，アルデヒドをカルボン酸に変換することができる．この反応で銀イオンは金属に還元される．銀イオンがアンモニア（NH_3）との錯イオン（$Ag(NH_3)_2{}^+$）になっていると金属銀が徐々に析出し，器壁に美しい銀鏡が生成する（図 5.5）．他の多くの官能基はアルデヒドほど容易に酸化されないので，銀鏡の生成はアルデヒドに特徴的で，その存在を示すよい証拠となる．この反応は**銀鏡反応**（トレンス試験）という．

図5.5　アルデヒドの酸化

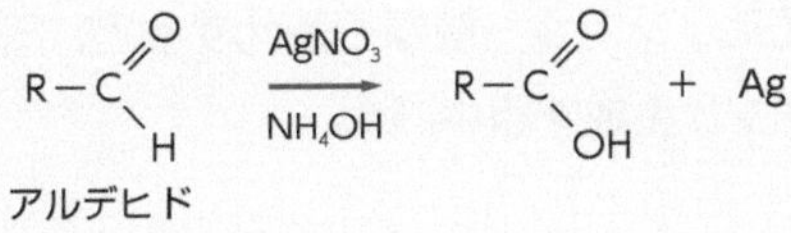

$$R-CHO \xrightarrow[NH_4OH]{AgNO_3} R-COOH + Ag$$

アルデヒド

銀鏡反応と同様に，**ベネディクト試薬**ではアルデヒドが酸化されるときに，銅（Ⅱ）イオンが銅（Ⅰ）イオンに還元される．この反応は塩基性溶媒で行われるので，赤色の酸化銅（Ⅰ）が沈殿し，このことがアルデヒドの存在を示す．**フェーリング試験**も同じであるが，この場合は銅（Ⅱ）イオンが酒石酸の錯体になっており，結果は同様である．上記の反応はいずれも，アルデヒドや還元糖の検出に有用である．

ケトンに過酸を反応させると，エステル（R-COO-R′）が生成するが，ケトンのα位で炭素鎖を切断する方法として有効であり，**バイヤー-ヴィリガー酸化**という（図 5.6）．

図5.6　バイヤー-ヴィリガー酸化

$$RR'C=O \xrightarrow{\text{メタクロロ過安息香酸}} R-C(=O)-O-R'$$

ケトン　　　エステル

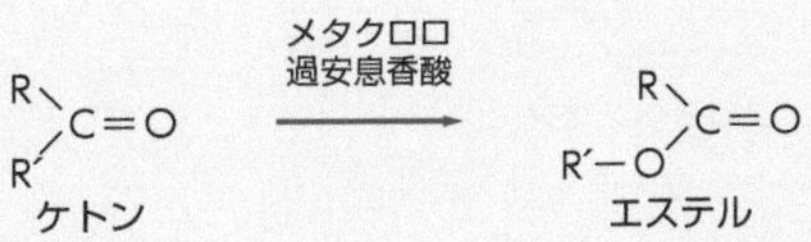

B. 還元反応

有機化合物の炭素-炭素，炭素-窒素二重結合などの不飽和結合に水素（H）を付加させるか，または酸素（O）を除去する反応を還元という．還元とは広義には電子を与える反応と定義される．

a．接触還元

不飽和結合を含む有機化合物は，白金(Pt)，パラジウム(Pd)，ニッケル(Ni)などの触媒存在下，水素と反応させると，不飽和結合に水素が付加した化合物が得られる．この反応は**接触還元**または**水素付加**という(図 5.7)．

この反応では，触媒の表面に存在する水素分子は鎖式不飽和炭化水素のうち二重結合をもつアルケン分子の一方向から近づくので，水素付加が起きる場合は，水素原子はアルケンに対して同じ方向から付加する．

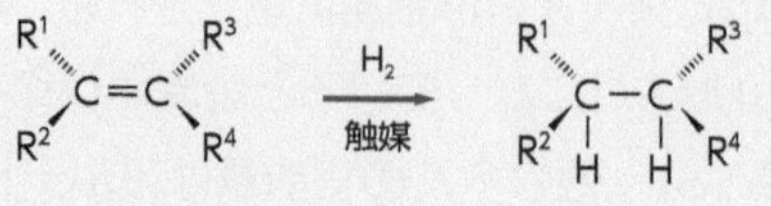

$$R^1R^2C=CR^3R^4 \xrightarrow[\text{触媒}]{H_2} R^1R^2CH-CHR^3R^4$$

図5.7　接触還元におけるアルケンへの水素付加

鎖式不飽和炭化水素の三重結合をもつアルキンの場合，通常の白金やパラジウムなどの触媒とともに水素付加すると，完全に飽和されるが，パラジウム触媒にキノリン(C_9H_7N)を加えたリンドラー触媒で還元すると，二重結合の段階で反応が止まり，シス-アルケンが生成する(図 5.8)．

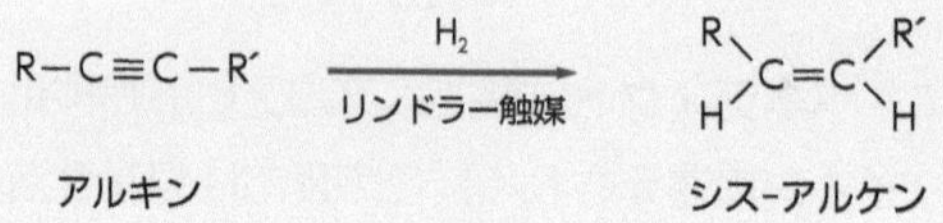

$$R-C\equiv C-R' \xrightarrow[\text{リンドラー触媒}]{H_2} RHC=CHR'$$

アルキン　→　シス-アルケン

図5.8　アルキンからシス-アルケンの生成

不飽和結合の還元だけでなく，芳香族ハロゲン化物やニトロ基($-NO_2$)のアミン($R-NH_2$)への還元，ベンジル誘導体のトルエンへの分解も，接触還元の条件によって起こる(図 5.9)．

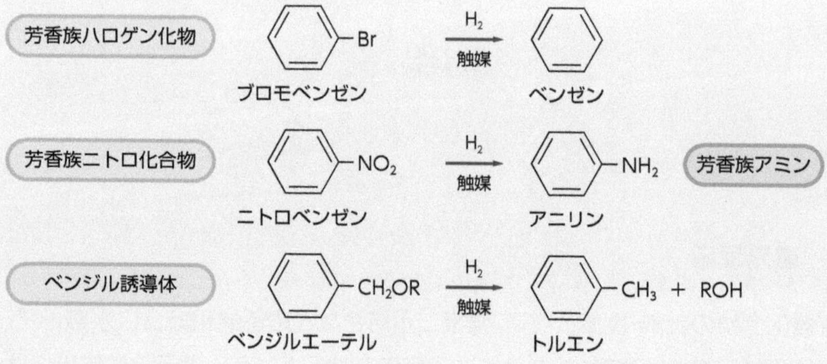

芳香族ハロゲン化物：$C_6H_5-Br \xrightarrow[\text{触媒}]{H_2} C_6H_6$（ブロモベンゼン → ベンゼン）

芳香族ニトロ化合物：$C_6H_5-NO_2 \xrightarrow[\text{触媒}]{H_2} C_6H_5-NH_2$（ニトロベンゼン → アニリン）芳香族アミン

ベンジル誘導体：$C_6H_5-CH_2OR \xrightarrow[\text{触媒}]{H_2} C_6H_5-CH_3 + ROH$（ベンジルエーテル → トルエン）

図5.9　芳香族化合物の還元

b. カルボニル化合物の還元

一般にアルデヒドやケトンは，高温・高圧の条件下で水素付加により対応するアルコールへ還元することができるが，水素化ホウ素ナトリウム($NaBH_4$)や水素化アルミニウムリチウム($LiAlH_4$)などの金属水素化物によっても対応するアルコールへ容易に還元することができる(図 5.10).

図5.10 アルデヒドとケトンの還元

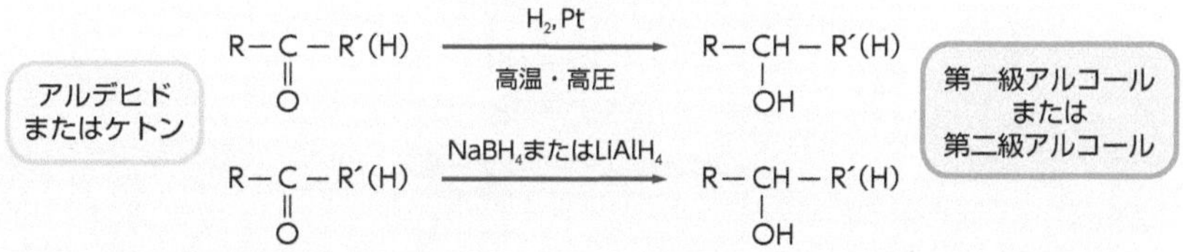

アルデヒドまたはケトン

$$R-C(=O)-R'(H) \xrightarrow[\text{高温・高圧}]{H_2, Pt} R-CH(OH)-R'(H)$$

$$R-C(=O)-R'(H) \xrightarrow{NaBH_4\text{または}LiAlH_4} R-CH(OH)-R'(H)$$

第一級アルコールまたは第二級アルコール

カルボン酸誘導体を水素化アルミニウムリチウムで還元すると，第一級アルコールに，また同様にアミド(R-$CONH_2$)やニトリル(R-CN)からアミン(R-NH_2)が生成する(図 5.11). しかし，水素化ホウ素ナトリウムは酸ハロゲン化物を除いて，一般に酸やエステル類を第一級アルコールへと還元できない.

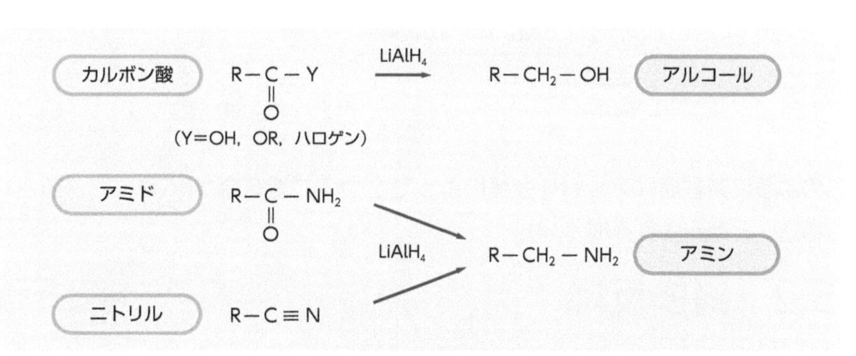

図5.11 カルボン酸，アミド，ニトリルの還元

アルデヒドやケトンに，亜鉛と水銀との合金である亜鉛アマルガム(Zn-Hg)や塩酸(HCl)を作用させると，アルカンへと還元される．この反応をクレメンゼン還元という(図 5.12)．また，アルデヒドやケトンをヒドラジン(H_2N-NH_2)と反応させ，ヒドラゾンへと導いた後，アルカリなどの強塩基と作用させるとカルボニル基(>C=O)がメチレン基(-CH_2-)へと還元される．この反応は**ウォルフ-キシュナー還元**という(図 5.12).

c. 芳香環の還元

芳香環は，通常の接触還元の条件では水素化反応は進行しない．そのためには高温・高圧の条件またはロジウム(Rh)のような特別に強力な触媒を用いる必要がある(図 5.13).

一方，ベンゼン(C_6H_6)を液体アンモニア(NH_3)中で，アルカリ金属(リチウム(Li)，ナトリウム(Na)など)により還元すると，1,4-シクロヘキサジエン(C_6H_8)が生成する.

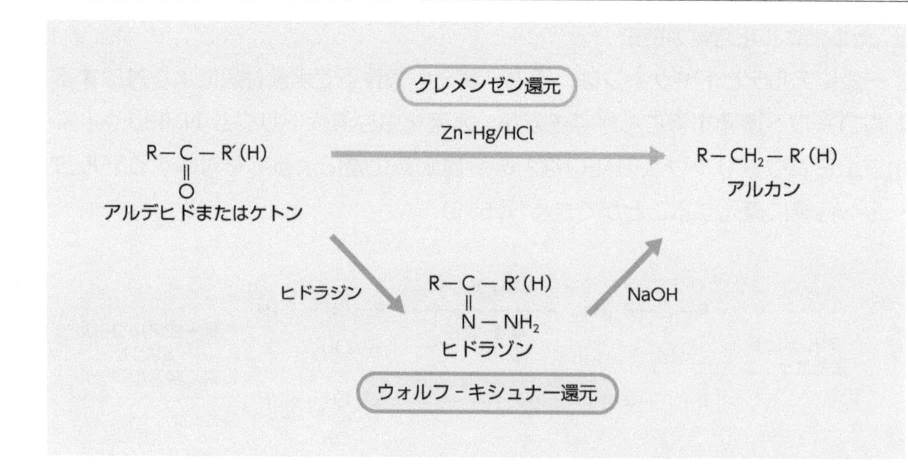

図5.12　アルデヒドとケトンのアルカンへの還元

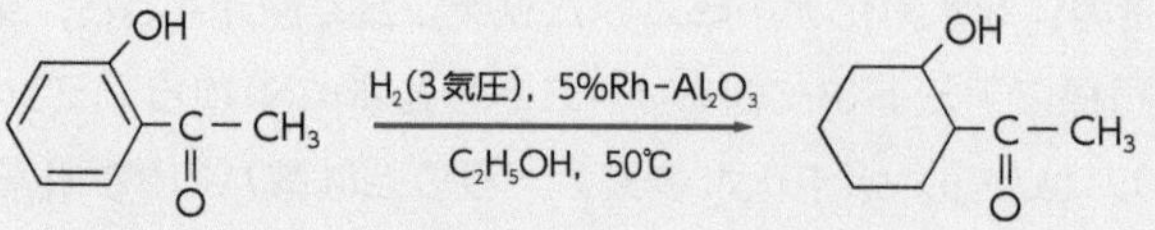

OH
H_2(3気圧)，5%Rh-Al_2O_3
C_2H_5OH，50℃
C－CH_3
O

図5.13　芳香環の飽和化反応

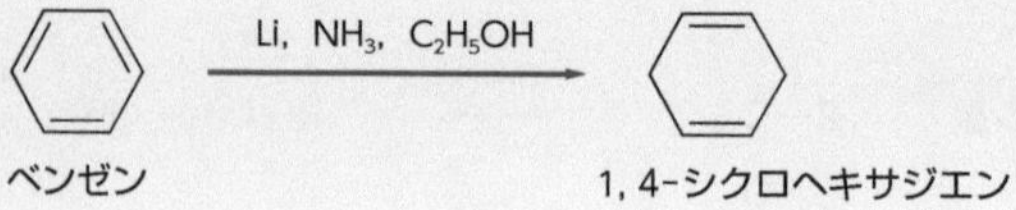

Li，NH_3，C_2H_5OH
ベンゼン
1, 4-シクロヘキサジエン

図5.14　ベンゼンの1, 4-シクロヘキサジエンへの還元

このように芳香環はアルカリ金属によって 2 つの二重結合が -CH_2- で分断された構造へと還元される(図 5.14).

5.2　置換反応

分子中の原子または置換基が，別の原子または置換基を攻撃し，入れ替わることを置換という．攻撃する分子が陽性に荷電し，相手分子の陰性に荷電した部分に向けて攻撃する反応を**求電子置換反応**といい(図 5.15)，攻撃する試薬を**求電子試薬**という．一方，陰性に荷電して，相手分子の陽性荷電部分に向けて攻撃する試薬を**求核試薬**といい，その反応を**求核置換反応**という．

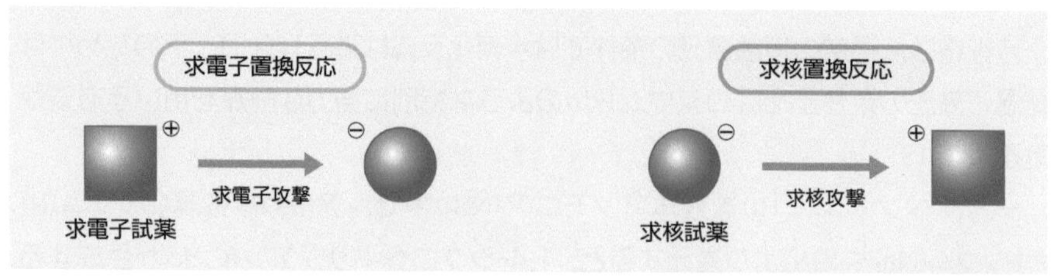

図5.15　求電子置換反応と求核置換反応

A. 芳香族求電子置換反応

芳香族炭化水素の環上の水素原子は求電子試薬によって置換される．ベンゼンと求電子試薬との反応は図 5.16 のように 2 段階で進行する．第 1 段階では，ベンゼンは求電子試薬(E^+)と反応し，3 つの共鳴供与体で表される**カルボカチオン**(正に帯電した炭素を含む化学種)の中間体が生成する．次いで，反応液中の塩基が中間体から水素イオンを引き抜き，電子はベンゼン環に戻り芳香族性が再生する(経路①)．求電子試薬と新しい結合を形成した炭素から常に水素イオンが引き抜かれる．一方，経路②では生成物が不安定なので生成されない．

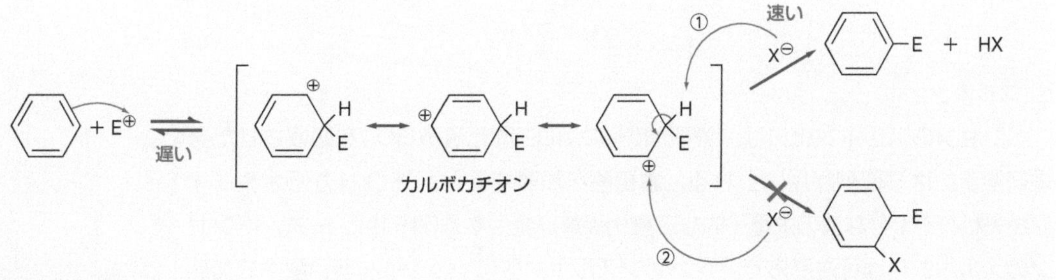

+ $E^{\oplus}$ ⇌ 遅い
H E ⟷ H E ⟷ H E
カルボカチオン
① 速い $X^{\ominus}$ → —E + HX
② $X^{\ominus}$ ✕ → E X

図5.16 ベンゼンと求電子試薬(E^+)の反応機構
$X^{\ominus}$：アニオン

a. ハロゲン化

芳香族化合物のハロゲン化では，たとえばベンゼンの臭素化は，臭素(Br_2)と鉄粉から生成する臭化鉄(Ⅲ)($FeBr_3$)のような電子対を受け取る物質，すなわち**ルイス酸**が必要である．ルイス酸は，まず臭素原子の非共有電子対を受け入れ，臭素原子を分極させ，その後，一方の臭素原子上に強い正電荷が現れ，ベンゼン環を求電子攻撃する(図 5.17)．

図5.17 ベンゼンのハロゲン化

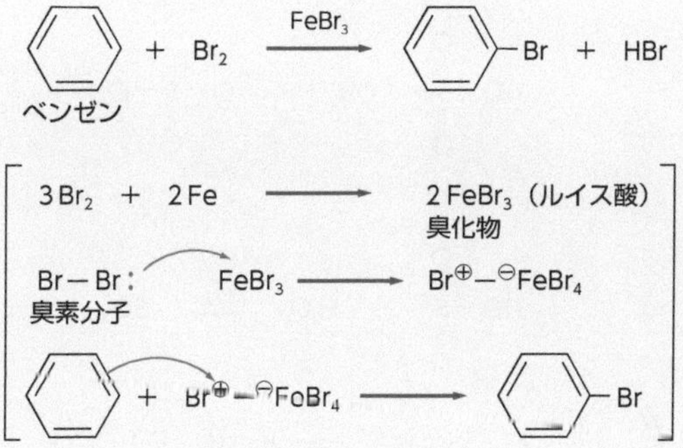

ベンゼン + Br_2 —($FeBr_3$)→ —Br + HBr
$3Br_2$ + 2Fe → $2FeBr_3$ (ルイス酸) 臭化物
Br−Br： 臭素分子 $FeBr_3$ → $Br^{\oplus}$−$^{\ominus}FeBr_4$
+ $Br^{\oplus}$−$^{\ominus}FeBr_4$ → —Br

b. ニトロ化

硝酸(HNO_3)によるベンゼン環のニトロ化には触媒として硫酸(H_2SO_4)が必要で

ある．硫酸は硝酸を水素イオン化することにより求電子剤を発生させる．水素イオン化された硝酸が脱水されると，ニトロ化に必要な求電子剤であるニトロニウムイオン($^{\oplus}NO_2$)が生成する(図 5.18)．

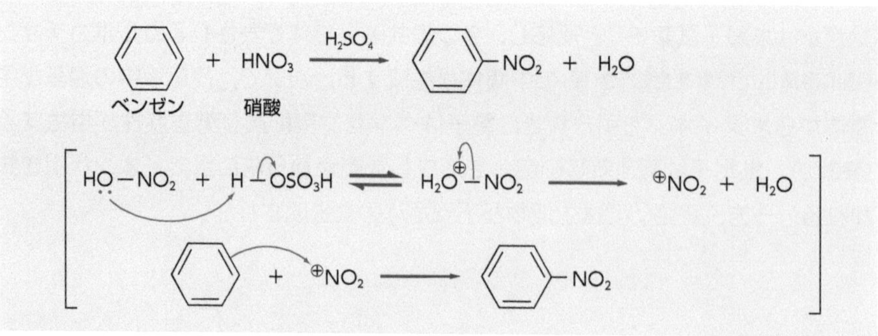

図5.18　ベンゼンのニトロ化

c. スルホン化

ベンゼンのスルホン化には，濃硫酸(H_2SO_4)に三酸化硫黄(SO_3)を吸収させた発煙硫酸または濃硫酸が用いられる．濃硫酸を加熱すると，$^{\oplus}SO_3H$ から水素イオンが失われて十分な量の求電子的な三酸化硫黄が発生する(図 5.19)．一方，ベンゼンのスルホン化は可逆反応で，ベンゼンスルホン酸($C_6H_5SO_3H$)を薄い酸中で加熱すると，逆反応が進行する．

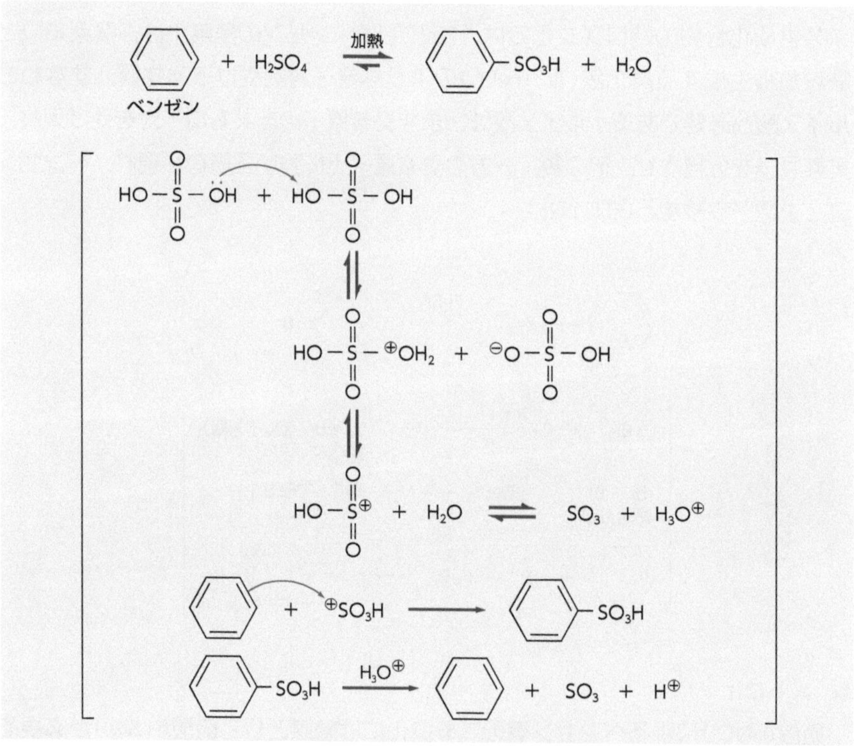

図5.19　ベンゼンのスルホン化

d. アシル化

塩化アルミニウム($AlCl_3$)のようなルイス酸存在下，ハロゲン化アシルまたは酸無水物を用いて，ベンゼン環にアシル基(RCO-)を導入することができる(図 5.20)．この反応では**アシリウムイオン**が必要な求電子剤となる．

図5.20 ベンゼンのアシル化

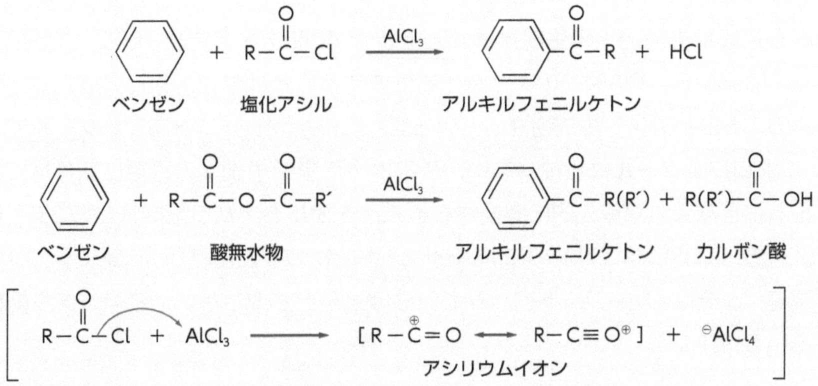

ベンゼン + 塩化アシル $R-C(=O)-Cl$ $\xrightarrow{AlCl_3}$ アルキルフェニルケトン $C_6H_5-C(=O)-R$ + HCl

ベンゼン + 酸無水物 $R-C(=O)-O-C(=O)-R'$ $\xrightarrow{AlCl_3}$ アルキルフェニルケトン $C_6H_5-C(=O)-R(R')$ + カルボン酸 $R(R')-C(=O)-OH$

$[\ R-C(=O)-Cl + AlCl_3 \longrightarrow [R-\overset{\oplus}{C}=O \longleftrightarrow R-C\equiv O^{\oplus}] + {}^{\ominus}AlCl_4\ ]$

アシリウムイオン

e. アルキル化

塩化アルミニウム($AlCl_3$)のようなルイス酸存在下，ベンゼンにハロゲン化アルキル(R-X)を反応させ，ベンゼンの水素をアルキル基(R-)に置き換える(図 5.21)．ハロゲン化アルキルと塩化アルミニウムとの反応で求電子剤の**カルボカチオン**が生成する．

図5.21 ベンゼンのアルキル化

ベンゼン + ハロゲン化アルキル $R-Cl$ $\xrightarrow{AlCl_3}$ アルキルベンゼン C_6H_5-R + HCl

$[\ R-Cl + AlCl_3 \longrightarrow R^{\oplus} + {}^{\ominus}AlCl_4\ ]$

カルボカチオン

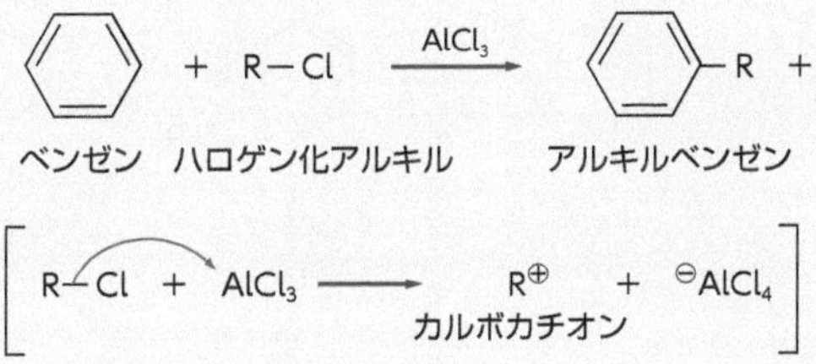

アルキルベンゼンは，いったんベンゼンのアシル化によりアルキルフェニルケトンの生成を経てから，前述のクレメンゼン還元，またはウォルフ-キシュナー

図5.22 アシルベンゼンを経るベンゼンのアルキル化

アルキルフェニルケトン $C_6H_5-C(=O)-R$ $\xrightarrow[\text{ウォルフ-キシュナー還元}]{\text{クレメンゼン還元または}}$ アルキルベンゼン $C_6H_5-CH_2-R$

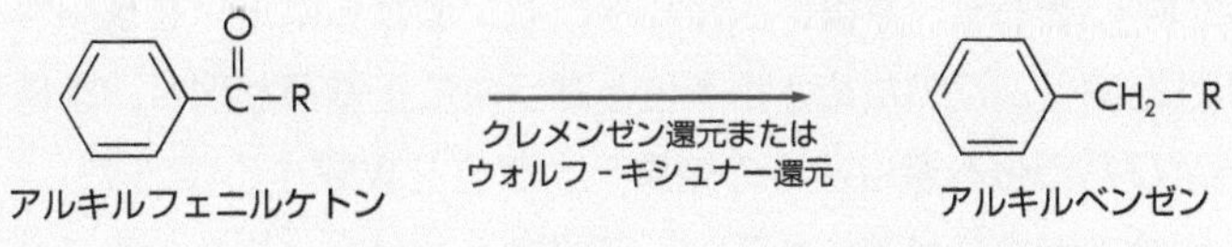

還元により得ることもできる(図5.22).

塩化アルミニウムなどのルイス酸を触媒として用いたベンゼンのアシル化およびアルキル化は，まとめて**フリーデル-クラフツ反応**という.

f. 芳香族求電子置換反応の反応性および配向効果

1つの置換基をもつベンゼン環の求電子置換反応により，第二の置換基がオルト(*o*)，メタ(*m*)，パラ(*p*)位に導入され，3種の生成物ができる可能性がある．それら生成物の理論上の生成比はオルト位が40%，メタ位が40%，パラ位が20%となるが，実際はこのような比で生成することはない．たとえば，フェノールのニトロ化では，生成物は*o*-ニトロフェノールと*p*-ニトロフェノールで，*m*-ニトロフェノールは生成しない．このように求電子試薬の種類に関係なく，オルト位とパラ位が優先的に置換されることを**オルト・パラ配向性**(図5.23)という．一方，ニトロベンゼンのニトロ化は，生成物のほとんどが*m*-ジニトロベンゼンで，*o*-および*p*-ジニトロベンゼンはほとんど生成しない．これを**メタ配向性**という(図5.24).

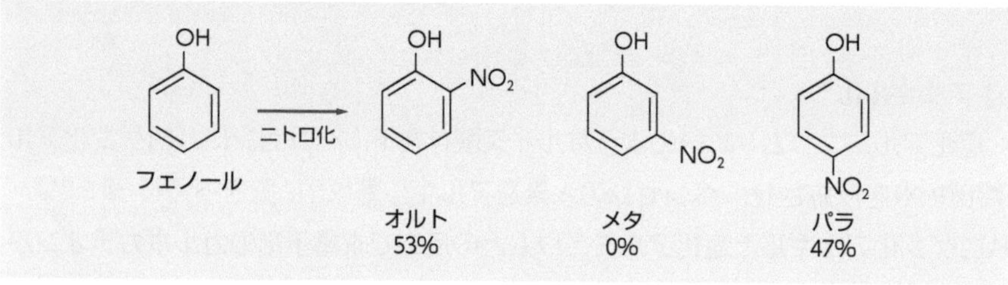

図5.23 オルト・パラ配向性

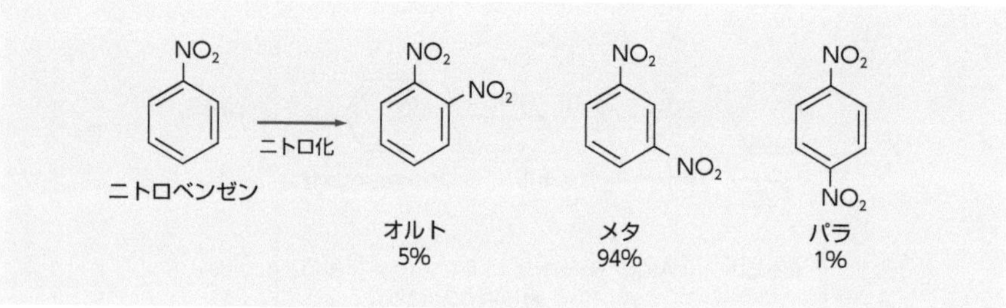

図5.24 メタ配向性

フェノールの酸素原子上の非共有電子対は共鳴によってベンゼン環上に分配され，その結果，負電荷がオルト位とパラ位に現れ，求電子試薬はオルト位とパラ位で反応する．またフェノール性ヒドロキシ基は，共有電子を結合しているベンゼン環のほうへ押しやる性質をもち，これを**電子供与性**という．ニトロベンゼンは電子不足の中心をもち，共鳴によってベンゼン環から電子対を求引する．これを**電子求引性**という．このためオルト位とパラ位に正電荷が現れ，求電子試薬はオルト位およびパラ位を避け，その結果，メタ位を攻撃する(図5.25)．ベンゼン環に電子求引性の置換基が結合すると，無置換ベンゼンよりも求電子試薬に対す

図5.25 オルト・パラ配向性とメタ配向性

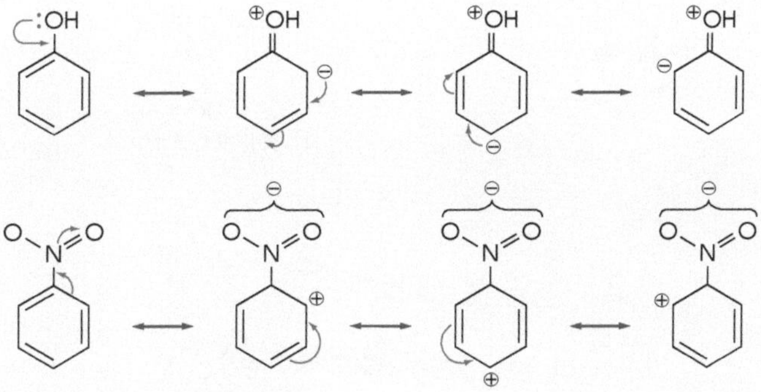

表5.1 置換基の配向効果

オルト・パラ配向性置換基	メタ配向性置換基
ヒドロキシ基(-OH)	ニトロ基($-NO_2$)
アルコキシ基(-OR)	カルボニル基(-CHO, >C=O)
アミノ基 ($-NH_2$)	カルボキシ基(-COOH)
N-アルキルアミノ基(-NHR)	エステル基(-COOR)
N, *N*-ジアルキルアミノ基($-NR_2$)	ニトリル基(-CN)
ハロゲン(-F, -Cl, -Br, -I)	スルホン基($-SO_3H$)
アルキル基(-R)	

る反応性が低下し，不活性化される．

B. 求核置換反応

求核置換反応は攻撃試薬が求核的に攻撃する置換反応で，一般的に反応は次のように表される．

$$\underset{}{R-X} + \underset{\text{求核試薬}}{Y^-} \longrightarrow R-Y + X^-$$

求核置換反応には，一分子求核置換反応(S_N1 反応)および二分子求核置換反応(S_N2 反応)がある．

a. 一分子求核置換反応(S_N1 反応)

ハロゲン化アルキル(R-X)のような反応基質が自発的にイオン化し，炭素-ハロゲン結合が切れて，カルボカチオンを生じる．このカルボカチオンは平面構造であり，どちら側からでも同じ確率で求核試薬の攻撃を受け，等量の 2 種の生成物を生じる．このため光学活性体を用いて反応を行うと，生成物はラセミ混合物となって光学活性を失う．イオン化の過程が 1 分子のみが関与している一分子反応なので，**S_N1 反応**という(図 5.26)．

b. 二分子求核置換反応(S_N2 反応)

求核試薬がハロゲン化アルキルのような反応基質の炭素に直接攻撃し，新しい結合を生成する一段階反応である．求核試薬は炭素-ハロゲン結合の反対側から

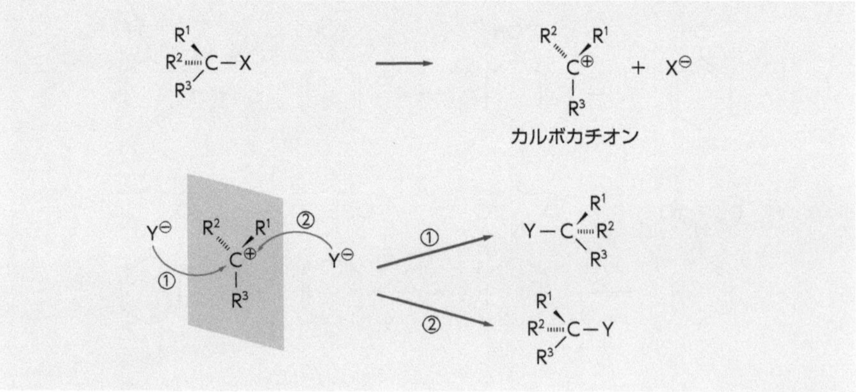

$R^1R^2R^3C-X \longrightarrow R^1R^2R^3C^{\oplus} + X^{\ominus}$

カルボカチオン

$Y^{\ominus}$ ①/② → ① $Y-CR^1R^2R^3$ ② $R^1R^2R^3C-Y$

図5.26　一分子求核置換反応

攻撃し，求核試薬と炭素の結合が生成するにつれて，炭素-ハロゲン結合が切れ始める．その際，分子は反転し，求核試薬はもとの炭素-ハロゲン結合の背面側から炭素と結合するようになる．この反転を**ワルデン反転**といい，この反応を**S_N2 反応**という(図 5.27)．本反応で光学活性体を基質とした場合，生成物も光学活性体である．

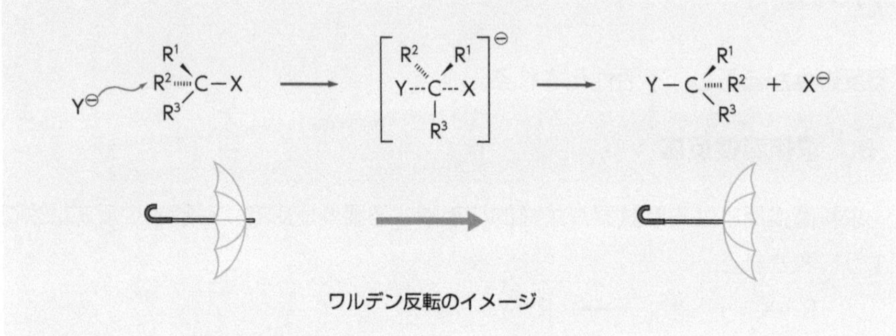

$Y^{\ominus} + R^1R^2R^3C-X \longrightarrow [Y\cdots CR^1R^2R^3\cdots X]^{\ominus} \longrightarrow Y-CR^1R^2R^3 + X^{\ominus}$

ワルデン反転のイメージ

図5.27　二分子求核置換反応
X：脱離する基
$X^{\ominus}$：脱離した基

求核置換反応の反応性は，基質の構造，求核試薬の種類に依存している．S_N1 反応は，中間体のカルボカチオンの生成が律速となり，その安定性が高いほど，反応が進行しやすい．ハロゲン化アルキルのカルボカチオンの安定性は，第三級＞第二級＞第一級の順で，反応性が高くなる(図 5.28)．また水やアルコールなどのヒドロキシ基(-OH)をもつ極性の高い溶媒はイオンを安定化させるために，極性溶媒を用いると S_N1 反応が起こりやすい．一方，S_N2 反応では，求核試薬の攻撃は立体的にかさばりが小さいほど起こりやすいので，むしろ立体のかさばりが大きい第三級ではほとんど反応せず，第一級＞第二級の順で反応性が上がる．

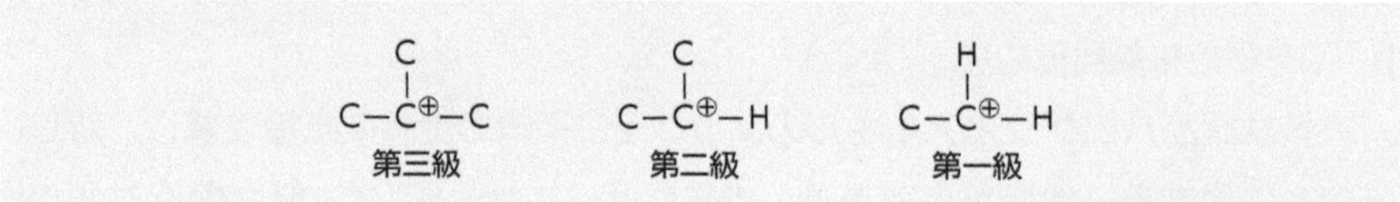

$C-C^{\oplus}(C)-C$ 第三級　$C-C^{\oplus}(C)-H$ 第二級　$C-C^{\oplus}(H)-H$ 第一級

図5.28　カルボカチオン

さらに，脱離基(X)の違いによっても反応性に影響が現れ，脱離したイオン(X^-)が安定であるほど反応しやすい．すなわち，ヨウ素(I)＞臭素(Br)＞塩素(Cl)＞フッ素(F)の順で反応が容易となる．これは S_N1 および S_N2 反応に共通である．

5.3 付加反応

不飽和結合や小員環を有する分子へ別の分子が結合する．

A. アルケンへの付加

a. ハロゲンの付加

塩素(Cl)や臭素(Br)はどちらも常温で速やかにアルケンと反応し，対応するジハロゲン化アルカンを生成する．しかし，フッ素(F)やヨウ素(I)は反応性に乏しい．

たとえば，臭素の付加の反応機構を図 5.29 に示す．アルケンの二重結合が臭素分子(Br_2)を攻撃して，まず 1 原子の臭素に対して，2 本の結合ができ，三員環中間体が生成する．これを**ブロモニウムイオン**という．このブロモニウムイオンに対して反対側から臭化物イオン(Br^-)の付加が起き，その結果，三員環が開裂し，二重結合の面に対して，上下 2 本の炭素-臭素結合が新たに生成するトランス付加が起こる．

図5.29 アルケンへの臭素(Br_2)の付加反応機構

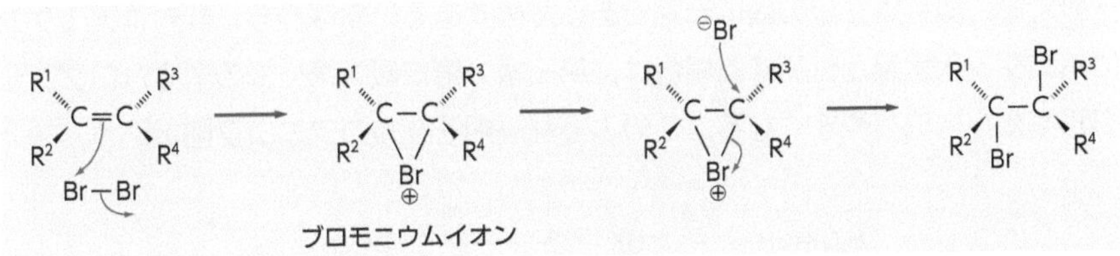

ハロゲンのアルケンへのトランス付加は，環状化合物の場合に理解が容易である．シクロペンテン(C_5H_8)を臭素と反応させると，シス-1,2-ジブロモシクロペンタンは得られず，トランス-1,2-ジブロモシクロペンタンのみが生成する(図 5.30)．

図5.30 シクロペンテンへの臭素のトランス付加

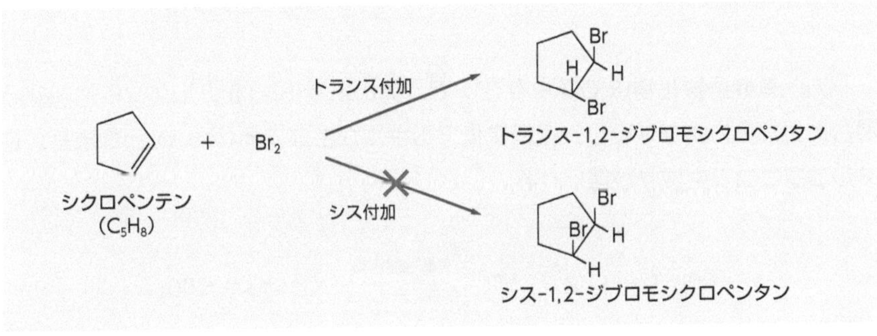

またアルケンに対する臭素の付加反応は，分子中の二重結合の存在を確認するための有用な定性試験法として用いられる．アルケンに臭素が付加すると，ジブロモアルカンが生成し，臭素の濃赤褐色が速やかに消える．

b. ハロゲン化水素の付加

ハロゲン化水素(HX)のアルケンへの付加もハロゲンの付加と同様に 2 段階で反応が進む．塩化水素(HCl)を例にとる(図 5.31)と，塩化水素がアルケンの二重結合によって攻撃され，中間体のカルボカチオンを生成し，塩化物イオン(Cl^-)を放出する．放出した塩化物イオンが反対側から攻撃して，付加が完成する．

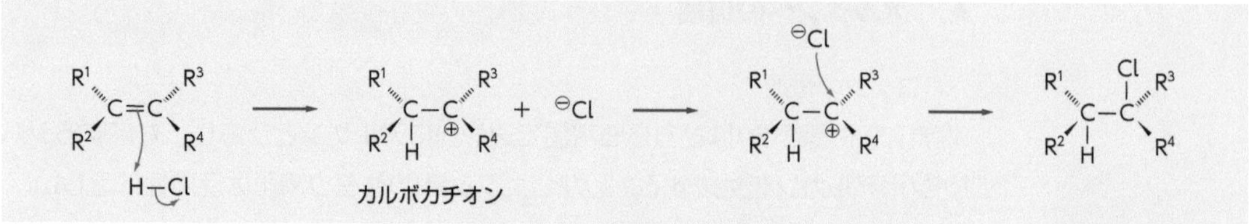

カルボカチオン

図5.31 アルケンへの塩化水素(HCl)の付加

対称アルケンにハロゲン化水素が反応する場合は，生成物は 1 種であるが，非対称アルケンの場合は，2 種の付加体が生成する可能性がある．たとえば，プロピレン(C_3H_6)への臭化水素(HBr)の付加は，生成物の可能性として 1-ブロモプロパンおよび 2-ブロモプロパンが考えられるが，実際はほとんど 2-ブロモプロパンしか得られない(図 5.32)．これは，反応の中間体であるカルボカチオンが第一級＜第二級＜第三級の順に安定であるためである．すなわち，非対称アルケンにハロゲン化水素が付加する場合は，第三級＞第二級＞第一級の順でハロゲン化アルキルが生成しやすくなる．このような規則を**マルコフニコフ則**という．

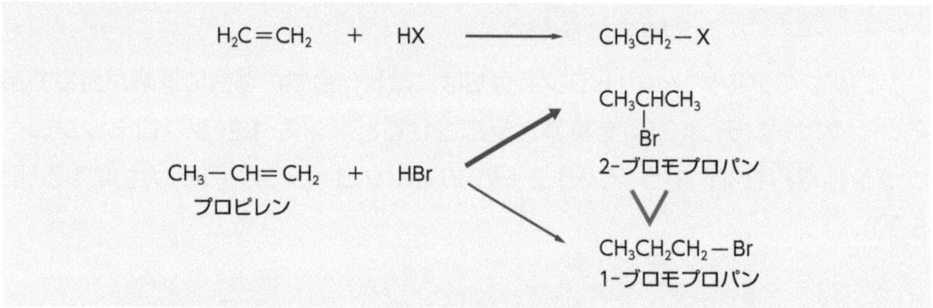

$$H_2C=CH_2 + HX \longrightarrow CH_3CH_2-X$$

$$CH_3-CH=CH_2 + HBr \longrightarrow CH_3CH(Br)CH_3 \text{ (2-ブロモプロパン)} > CH_3CH_2CH_2-Br \text{ (1-ブロモプロパン)}$$

プロピレン

図5.32 非対称アルケンへのハロゲン化水素の付加
X：ハロゲン

一方，有機過酸化物(R-OO-R)存在下で，臭化水素(HBr)をアルケンに付加する場合，付加の方向が逆転し，低級臭化アルキルが生成する(図 5.33)．つまり，**逆マルコフニコフ**生成物が得られる．

$$CH_3-CH=CH_2 + HBr \xrightarrow{\text{有機過酸化物}} CH_3CH_2CH_2-Br$$

図5.33 有機過酸化物存在下での非対称アルケンへの臭化水素の付加

c. 硫酸の付加

アルケンに濃硫酸を作用させると，ハロゲン化水素のときと同様にマルコフニコフ則にしたがって，硫酸エステルが生成する．アルカンは濃硫酸と反応しないので，この反応はアルケンとアルカンの区別に利用される．生成した硫酸エステルをさらに水と加熱すると，エステル加水分解が起こりアルコール(R-OH)が生成する(図 5.34)．

図5.34 アルケンへの硫酸の付加

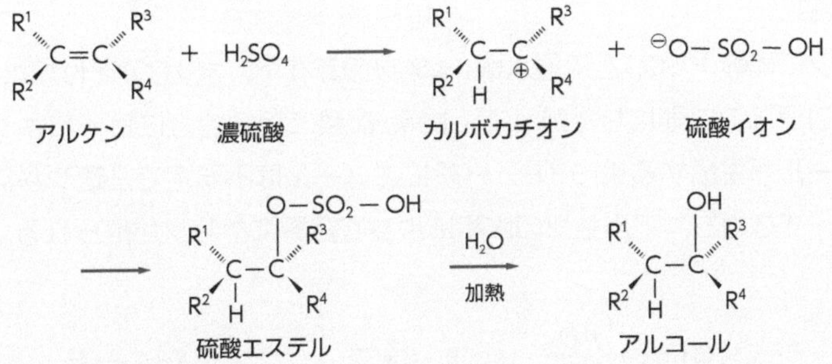

$$\mathrm{R^1R^2C{=}CR^3R^4} + \mathrm{H_2SO_4} \longrightarrow \mathrm{R^1R^2CH{-}C^{\oplus}R^3R^4} + {}^{\ominus}\mathrm{O{-}SO_2{-}OH}$$

アルケン　濃硫酸　カルボカチオン　硫酸イオン

$$\longrightarrow \mathrm{R^1R^2CH{-}C(O{-}SO_2{-}OH)R^3R^4} \xrightarrow[\text{加熱}]{\mathrm{H_2O}} \mathrm{R^1R^2CH{-}C(OH)R^3R^4}$$

硫酸エステル　アルコール

B. アルキンへの付加

a. ハロゲンの付加

アルキンは 2 分子のハロゲンと反応して，テトラハロゲン化物を生じる．この反応もアルケンのハロゲン付加と同様，臭素(Br_2)と塩素(Cl_2)に限られる(図 5.35)．アルキンへのハロゲン付加はアルケンのときと比べて反応速度が遅い．また，テトラハロゲン化物は亜鉛(Zn)と反応させると，アルキンへ戻すことができる．

図5.35 アルキンへの臭素付加

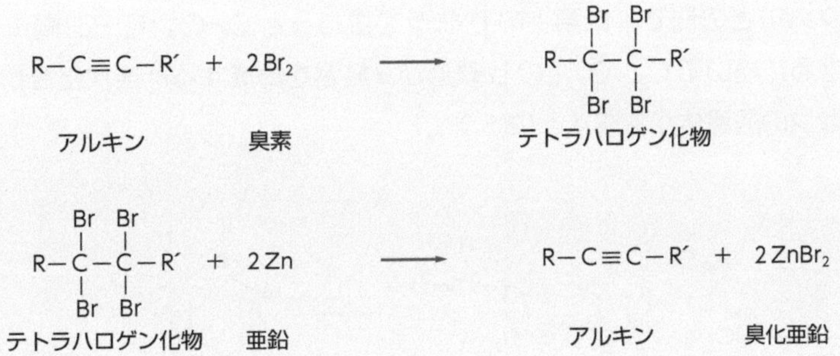

$$\mathrm{R{-}C{\equiv}C{-}R'} + 2\,\mathrm{Br_2} \longrightarrow \mathrm{R{-}CBr_2{-}CBr_2{-}R'}$$

アルキン　臭素　テトラハロゲン化物

$$\mathrm{R{-}CBr_2{-}CBr_2{-}R'} + 2\,\mathrm{Zn} \longrightarrow \mathrm{R{-}C{\equiv}C{-}R'} + 2\,\mathrm{ZnBr_2}$$

テトラハロゲン化物　亜鉛　アルキン　臭化亜鉛

b. ハロゲン化水素の付加

アルキンにはハロゲン化水素(塩化水素 HCl，臭化水素 HBr，ヨウ化水素 HI)が 2 段階で反応する(図 5.36)．第 1 段階目でハロアルケンが生成し，この段階で反応を止めることもできる．さらに 2 段階目でハロゲン化水素が付加し，同じ炭素上

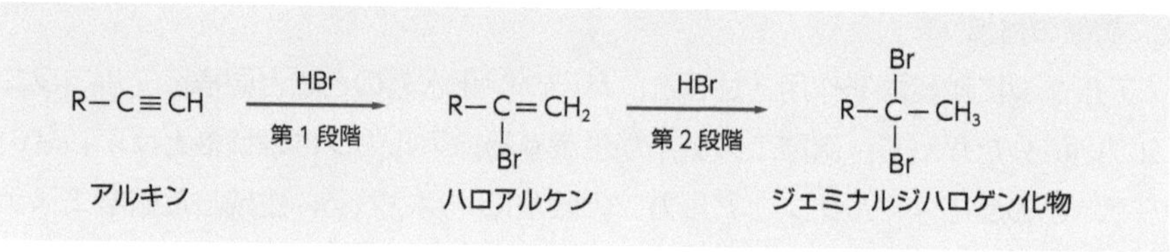

$$R-C \equiv CH \xrightarrow[\text{第 1 段階}]{HBr} R-C(Br)=CH_2 \xrightarrow[\text{第 2 段階}]{HBr} R-CBr_2-CH_3$$

アルキン　ハロアルケン　ジェミナルジハロゲン化物

図5.36　アルキンへのハロゲン化水素の付加

に 2 個のハロゲンが結合したジェミナルジハロゲン化物が得られる．アルキンのハロゲン化水素の付加は，マルコフニコフ則にしたがって進む．

c. 水の付加

アルキンに硫酸(H_2SO_4)と硫酸水銀($HgSO_4$)の存在下，水(H_2O)を付加(水和)すると，マルコフニコフ則にしたがって，炭素-炭素二重結合上にヒドロキシ基を有する**エノール**が生成する(図 5.37)．一般にエノールは不安定で，速やかに**ケトン**に変わる．すなわち，アルキンの水和によって容易にケトンが得られる．

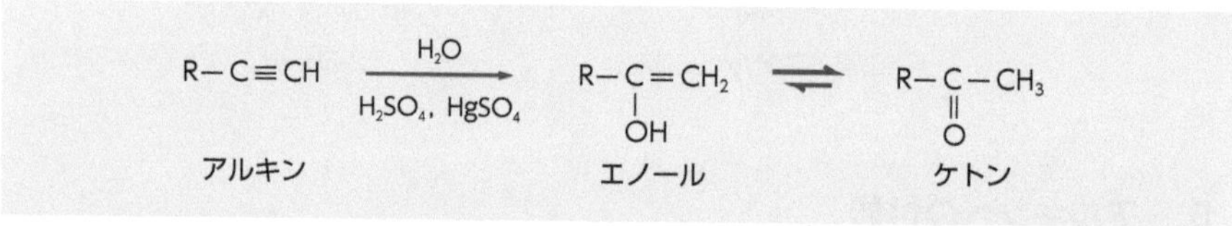

$$R-C \equiv CH \xrightarrow[H_2SO_4,\ HgSO_4]{H_2O} R-C(OH)=CH_2 \rightleftharpoons R-C(=O)-CH_3$$

アルキン　エノール　ケトン

図5.37　アルキンの水和反応によるケトンの生成

C. ディールス-アルダー反応

二重結合を 2 つもつ炭化水素をジエンという．1 つの単結合によってその二重結合が隔てられた構造(C=C−C=C)を共役ジエンという．共役ジエンに炭素-炭素二重結合を含む化合物を加熱して反応させると，環状化合物を生じる．この反応は**ディールス-アルダー反応**といい，有機合成法では重要な反応の 1 つである．1,3-ブタジエン($CH_2=CHCH=CH_2$)および二重結合に親和性を示すアクロレイン(ジエノフィル)との間で，炭素上の p 軌道を重ねると C_1-C_6，C_4-C_5 間に σ 結合が生成する．続いて C_2，C_3 上の p 軌道が π 結合を形成すると環状化合物のシクロヘキセンの誘導体が生成する(図 5.38)．

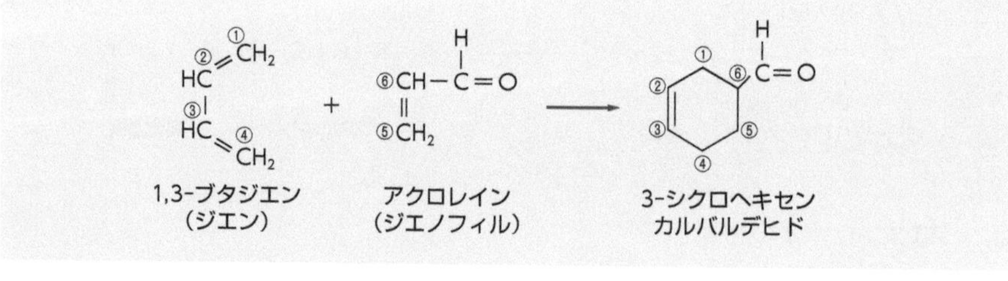

図5.38 ディールス-アルダー反応

ディールス-アルダー反応とは，一般的に，ジエンがジエノフィル(置換基エチレンまたはアセチレン)と反応して六員環を形成する反応である．

5.4　脱離反応

　ある 1 つの分子から，2 個の原子または置換基が取り去られ，その位置に不飽和結合または環が生成する脱離反応がある．一分子的に脱離反応する **E1 反応**と二分子的に脱離反応する **E2 反応**がある．

　E1 反応は中間体としてカルボカチオンを生成し，カルボカチオンの安定性は，第三級＞第二級＞第一級の順で増し，中間体の安定性と反応性は比例する．また，E1 反応は一般に S_N1 反応と競争的に進行する（図 5.39）．

図5.39　ハロゲン化物の一分子的脱離反応

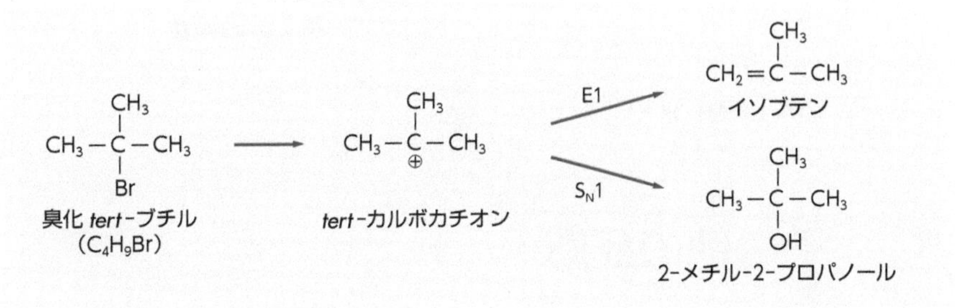

$CH_3-C(CH_3)(Br)-CH_3$（臭化 *tert*-ブチル，C_4H_9Br）⟶ $CH_3-C^{\oplus}(CH_3)-CH_3$（*tert*-カルボカチオン）

E1 ⟶ $CH_2=C(CH_3)-CH_3$（イソブテン）

S_N1 ⟶ $CH_3-C(CH_3)(OH)-CH_3$（2-メチル-2-プロパノール）

　E2 反応も二分子求核置換反応（S_N2 反応）と競争的に反応する（図 5.40）．E2 反応と S_N2 反応の優先性は α 炭素の立体的な要因，すなわち第三級＞第二級＞第一級ハロゲン化物の順で E2 反応が起こりやすく，また試薬の塩基性が高いほど E2 反応が起きやすい．

図5.40　ハロゲン化物の二分子的脱離反応

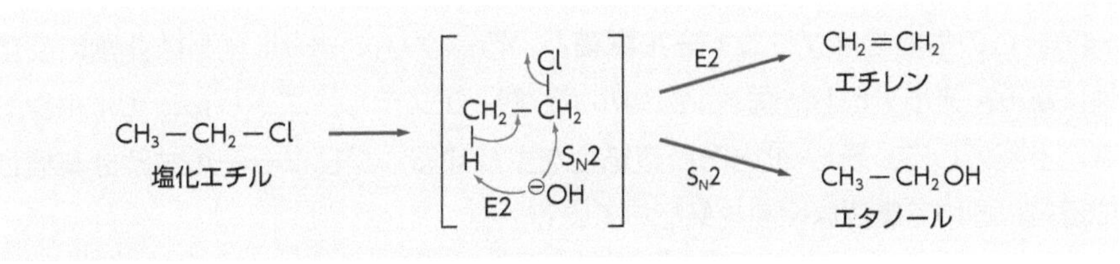

CH_3-CH_2-Cl（塩化エチル）⟶ [$H-CH_2-CH_2-Cl$，$^{\ominus}OH$（E2，S_N2）]

E2 ⟶ $CH_2=CH_2$（エチレン）

S_N2 ⟶ CH_3-CH_2OH（エタノール）

　脱離反応により 2 種以上のアルケンの異性体を生じる場合がある．このとき，二重結合上のアルキル基（R-）の数の多いほうが優先的に生成される．この法則を**ザイツェフ則**という（図 5.41）．

図5.41　脱離反応におけるザイツェフ則

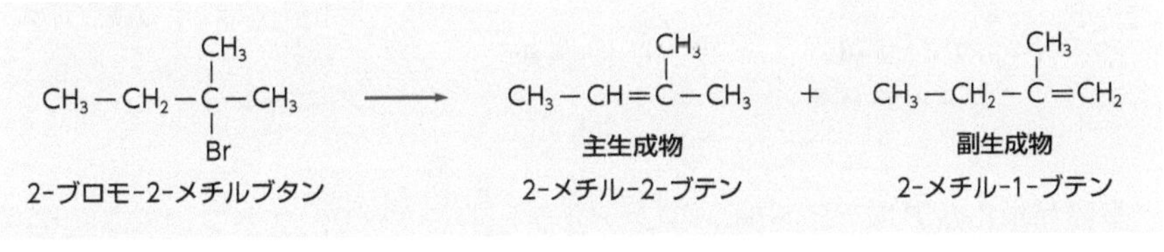

$CH_3-CH_2-C(CH_3)(Br)-CH_3$（2-ブロモ-2-メチルブタン）⟶ $CH_3-CH=C(CH_3)-CH_3$（**主生成物**　2-メチル-2-ブテン）＋ $CH_3-CH_2-C(CH_3)=CH_2$（**副生成物**　2-メチル-1-ブテン）

塩基性触媒によるハロゲン化物の脱離は多くの場合，ザイツェフ則にしたがってE2反応で進行するが(塩基性触媒①)，塩基性触媒②のような立体的にかさばりの高い塩基を用いて反応を行った場合，基質の立体的に障害の少ない末端メチル基を攻撃し，ザイツェフ則とは異なる生成物が優先的に得られる．この法則を**ホフマン則**という(図5.42)．

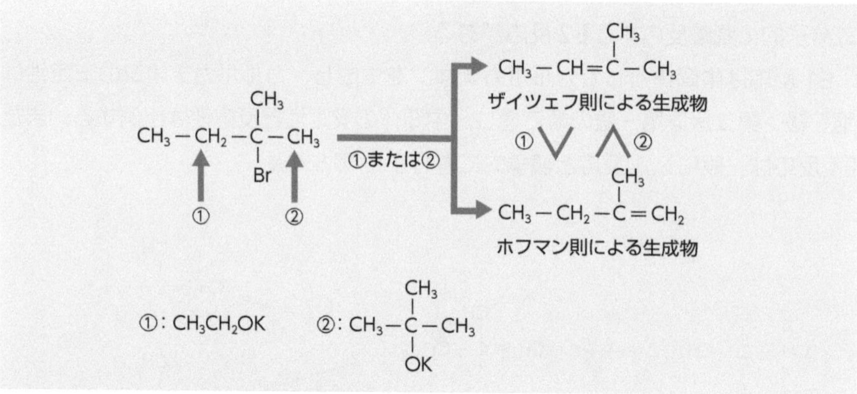

図5.42　異なる塩基性触媒を用いたハロゲン化物の脱離反応則

5.5 その他の反応

A. グリニャール試薬による反応

ハロゲン化アルキル(RX)と金属マグネシウム(Mg)を乾燥ジエチルエーテル($C_2H_5OC_2H_5$)中で反応させると，ハロゲン化アルキルマグネシウムが生成する(図5.43)．この生成物は**グリニャール試薬**という．グリニャール試薬は非常に反応性に富み，アルデヒド，ケトン，カルボン酸，エステル，ニトリル，エポキシドなどと反応して，新しい炭素-炭素結合を生成する．グリニャール試薬は有機合成反応において重要な役割を果たしている．

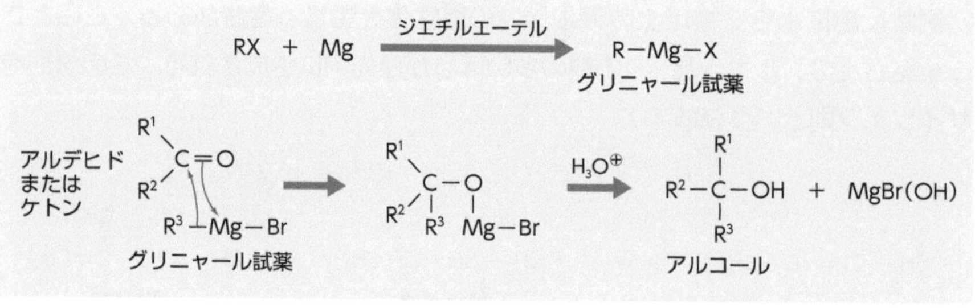

図5.43　グリニャール試薬を用いたアルデヒドとケトンからのアルコールの生成

基質がホルムアルデヒド(HCHO)，アルデヒド(R-CHO)，ケトン(R-CO-R)の場合，グリニャール試薬により，それぞれ対応する第一級，第二級，第三級アルコール(R-OH)を生成する．有機リチウム(R-Li)もグリニャール試薬と同様の反応を示す．

B. ウィッティヒ反応

アルデヒドやケトンはイリドと反応して，アルケンに変換される．この反応を**ウィッティヒ反応**といい，カルボニル化合物をアルケンに変換する重要な反応である(図 5.44)．

図5.44 ウィッティヒ反応によるアルデヒドとケトンからのアルケンの生成

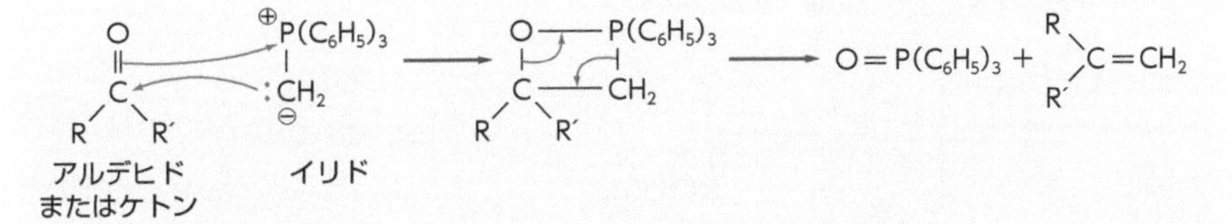

C. アルドール縮合

α 位に活性水素を有するカルボニル化合物は，塩基の作用で安定な**エノラートイオン**を生成し，イオン化していないカルボニル化合物のカルボニル炭素を攻撃し，**アルドール**という β-ヒドロキシアルデヒドあるいは β-ヒドロキシケトンを生成する．この反応を**アルドール縮合**という(図 5.45)．アルドールは薄い酸または加熱により容易に脱水して，α, β-不飽和カルボニル化合物を生成する．

図5.45 カルボニル化合物のアルドール縮合

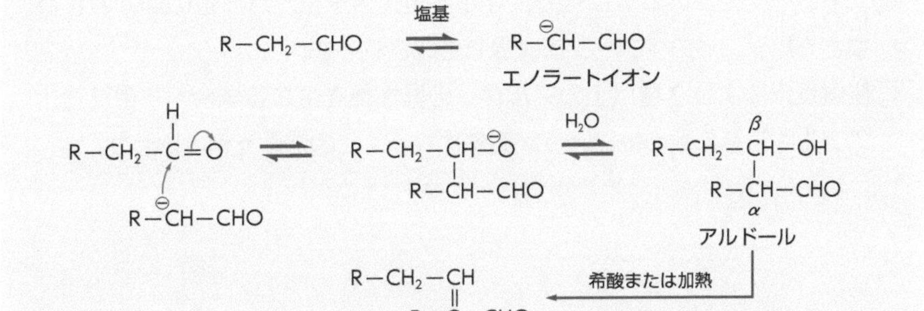

アルドール縮合は，炭素鎖を延長できるところに特徴がある．生体内では，解糖系において，ジヒドロキシアセトンリン酸エステルとグリセルアルデヒドリン酸エステルとがアルドラーゼにより縮合してフルクトース 6-リン酸エステルが生成する反応がアルドール縮合である．また，脂肪酸の合成において，特有のしくみでアセチル基(-$COCH_3$)が順番に結合して炭素鎖が延長していくが，この中で起こっている現象は有機化学的な観点からアルドール縮合そのものである．

D.　クライゼン縮合

エステルと活性メチレンを有する化合物の間で，アルコールの脱離を兼ねて縮合する反応を**クライゼン縮合**という（図 5.46）．この反応は，エステルによる活性メチレンのアシル化反応でもある．

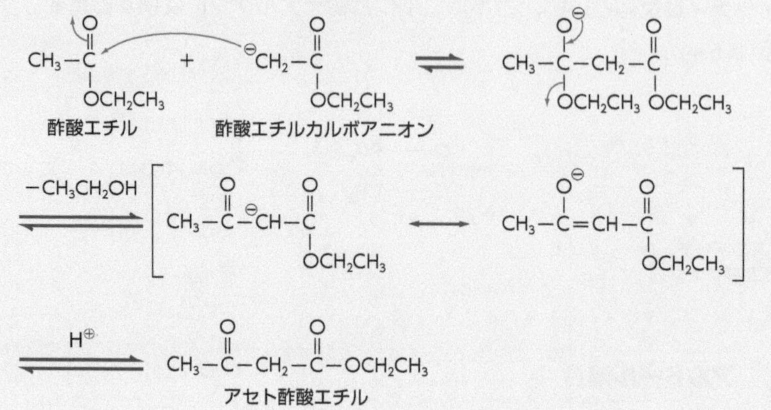

$CH_3-C(=O)-OCH_2CH_3$ 酢酸エチル ＋ $^{\ominus}CH_2-C(=O)-OCH_2CH_3$ 酢酸エチルカルボアニオン

−CH_3CH_2OH

$H^{\oplus}$

$CH_3-C(=O)-CH_2-C(=O)-OCH_2CH_3$ アセト酢酸エチル

図5.46　エステル化合物のクライゼン縮合

次の問題に答えなさい．

①銀鏡反応やベネディクト試薬，フェーリング試験は，どのような官能基を検出するのに有用か．

②ニトロベンゼンのニトロ化で，オルト位，メタ位，パラ位のいずれに置換されたジニトロベンゼンが，最も生成されるか．

③脱離反応により 2 種以上のアルケンの異性体を生じる場合，二重結合上のアルキル基の数の多いほうが優先される．この法則を何というか．

生体構成有機化合物編

6. 炭水化物

エミール・フィッシャー（1852 ～ 1919）
ドイツ出身の化学者．グルコース，フルクトースなどの糖類を合成し，その立体構造を確立した．フィッシャー投影式は彼の発案である．1902 年にノーベル化学賞受賞．

炭水化物は**含水炭素**ともいい，栄養学では**糖質**と食物繊維を合わせたものをいい，ポリアルコール*のアルデヒド，ケトンおよび酸やポリアルコール自身，さらにその誘導体，縮合重合したものなどを含めたものをさす（表 6.1）．また，単に糖というときは，ポリアルコールのアルデヒドまたはケトンを意味している．炭水化物という名称は，グルコースのような単純な糖の一般式が $C_m(H_2O)_n$ と表されるためにつけられた．この考えは糖質一般には当てはまらないが，炭水化物という名は現在でも使われている．

＊　多価アルコールまたはポリオールともいう．アルコール性ヒドロキシ基を複数もつアルコール．

6.1 単糖

グルコース（ブドウ糖，$C_6H_{12}O_6$）は**単糖**であり，これ以上小さな単位に加水分解できない．単糖には互いに**鏡像異性体**である **D 体**と **L 体**が存在する（3.6 節参照）．すなわちカルボニル基（>C=O）から一番遠い不斉炭素のヒドロキシ基（-OH）がフィッシャー投影式で右に書かれると D 体，左に書かれると L 体である．D-グルコースと D-ガラクトースまたは D-マンノースは，分子式は $C_6H_{12}O_6$ と同じだが，鏡像関係ではなく，重ね合わすこともできないので，互いに**ジアステレオマー**である（3.4 節参照）．天然に存在する糖のほとんどは D 体であるが，L-フコースのように L 体で糖鎖の末端などに存在するものもある．図 6.1 にいくつかの単糖の構造をフィッシャー投影式で示す．

A. アルドースとケトース

単糖には，分子中に含まれる炭素数が 3 つの**トリオース**（三炭糖），4 つの**テトロース**（四炭糖），以下**ペントース**（五炭糖），**ヘキソース**（六炭糖）などがある．また，カルボニル基として -CHO を含むものを**アルドース**，>C=O を含むものを**ケトース**という．たとえば，最も簡単な糖であり，DL 表記の基準となる D-グリセル

	名称(別名)			分子式	構成糖
単糖	トリオース(三炭糖)	アルドース	グリセルアルデヒド	$C_3H_6O_3$	
		ケトース	ジヒドロキシアセトン		
	テトロース(四炭糖)	アルドース	エリトロース	$C_4H_8O_4$	
	ペントース(五炭糖)	アルドース	キシロース	$C_5H_{10}O_5$	
			リボース		
		ケトース	リブロース		
		デオキシ糖*	デオキシリボース	$C_5H_{10}O_4$	(図6.1 ⑥)
	ヘキソース(六炭糖)	アルドース	グルコース(ブドウ糖)	$C_6H_{12}O_6$	(図6.1 ①)
			ガラクトース		(図6.1 ②)
			マンノース		(図6.1 ③)
		ケトース	フルクトース(果糖)		(図6.1 ⑤)
		デオキシ糖*	フコース	$C_6H_{12}O_5$	(図6.1 ④)
オリゴ糖	二糖	スクロース(ショ糖)		$C_{12}H_{22}O_{11}$	グルコース+フルクトース
		マルトース(麦芽糖)			グルコース+グルコース
		ラクトース(乳糖)			グルコース+ガラクトース
		セロビオース			グルコース+グルコース
		トレハロース			グルコース+グルコース
	三糖	ラフィノース		$C_{18}H_{32}O_{16}$	グルコース+ガラクトース+フルクトース
	四糖	スタキオース		$C_{24}H_{42}O_{21}$	グルコース+ガラクトース+ガラクトース+フルクトース
多糖	ホモ多糖	デンプン		$(C_6H_{10}O_5)_n$	グルコース
		グリコーゲン			グルコース
		セルロース			グルコース
		イヌリン			フルクトース
		キチン		$(C_8H_{13}O_5)_n$	*N*-アセチルグルコサミン
	ヘテロ多糖	グルコマンナン		$(C_{12}H_{20}O_{10})_n$	グルコース+マンノース
		アガロース		$(C_6H_{10}O_5 \cdot C_6H_8O_4)_n$	ガラクトース+ 3,6-アンヒドロガラクトース

表6.1 糖質の分類
＊ヒドロキシ基(-OH)の1つが還元されて水素原子に置換されたもの.

アルデヒド($C_3H_6O_3$)は**アルドトリオース**，RNA(リボ核酸)やATP(アデノシン三リン酸)のほか，補酵素のNAD$^+$(ニコチンアミドアデニンジヌクレオチド)やNADP$^+$(ニコチンアミドアデニンジヌクレオチドリン酸)，FAD(フラビンアデニンジヌクレオチド)，CoA(コエンザイムA)などの構成成分であるD-リボース(第10章参照)は**アルドペントース**，D-グルコースは**アルドヘキソース**，D-フルクトース(果糖)は**ケトヘキソース**である.

RNA：ribonucleic acid
ATP：adenosine 5′-triphosphate
NAD：nicotinamide adenine dinucleotide
NADP：nicotinamide adenine dinucleotide phosphate
FAD：flavin adenine dinucleotide
CoA：coenzyme A

図 6.1 単糖の構造
＊で示したカルボニル炭素から一番遠い不斉炭素に結合するヒドロキシ基が右に書かれるとD体，左に書かれるとL体である．

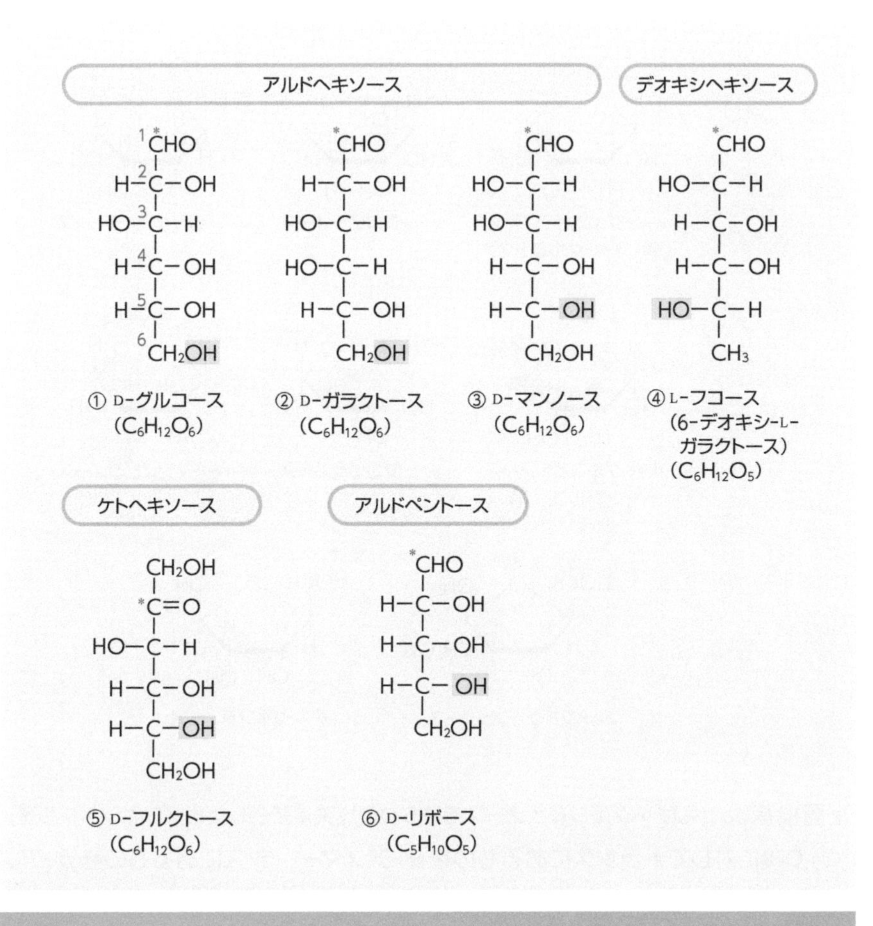

B. ピラノースとフラノース

アルドースやケトースは，そのカルボニル基(-CHO，>C=O)が分子内のヒドロキシ基との間で**ヘミアセタール**(アルデヒドとアルコールの反応中間体)を形成して環状構造をとる．このとき，カルボニル基であった炭素は新たな不斉炭素となり，特に**アノマー炭素**という．できあがった環形が六員環のものを，最も簡単な六員環の複素環エーテル化合物(R-O-R′)であるピラン(C_5H_6O)にちなんで**ピラノース**，五員環のものを同じくフラン(C_4H_4O)にちなんで**フラノース**という．水溶液中ではD-グルコースはD-グルコピラノース，D-フルクトースはD-フルクトフラノースの形をとることが多い．D-リボースは天然にはD-リボフラノース誘導体として存在する．

C. α-アノマーとβ-アノマー

環状構造をとることにより生じた2つの立体異性体を**アノマー**という．アノマー炭素に結合するヒドロキシ基(-OH)が，最も番号が大きい不斉炭素に結合し

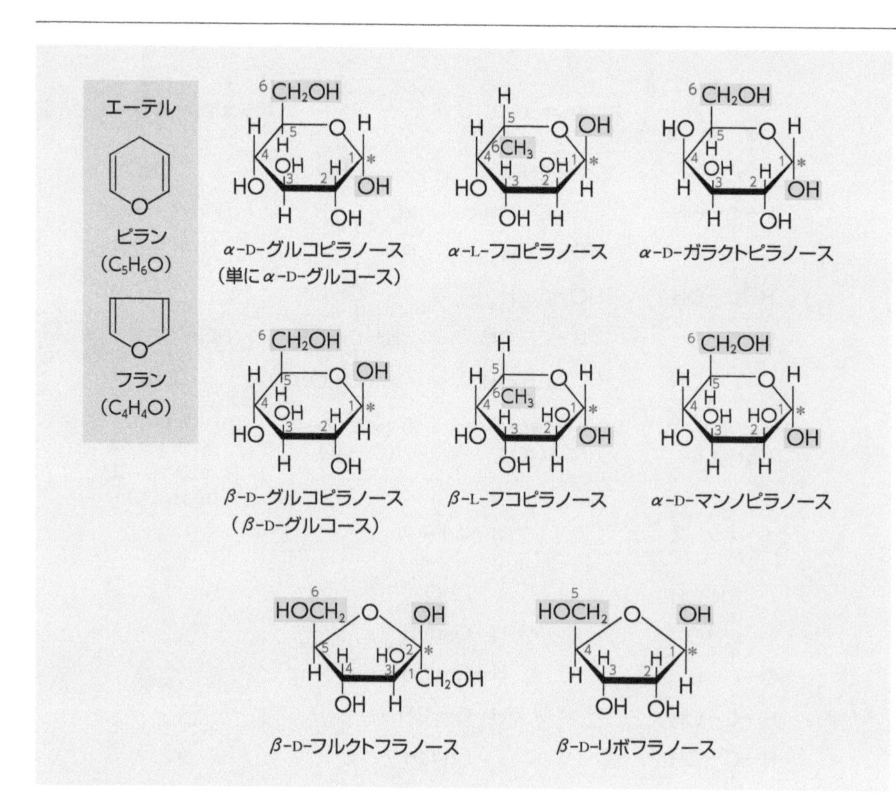

図 6.2 環状単糖の構造
*で示したアノマー炭素に結合するヒドロキシ基が，最も番号の大きい不斉炭素に結合した置換基に対してα-アノマーでは反対側に，β-アノマーでは同じ側に書かれる．

た置換基(たとえばD-グルコピラノースでは5位の炭素に結合したヒドロキシメチル基，$-CH_2OH$)に対してトランスにあるものを**α-アノマー**，シスにあるものを**β-アノマー**という．ハワース投影式では，たとえばα-D-グルコピラノースにおけるこのヒドロキシ基はCH_2OHの反対側(すなわち下側)，β-D-グルコピラノースで同じ側(すなわち上側)に書かれることになる．L-フコピラノースでは5位に結合した置換基($-CH_3$)が下側に書かれるため，α-アノマーのヒドロキシ基は上側に，β-アノマーは下側に書かれる(図 6.2)．

D. 糖の還元性

糖のカルボニル基(-COH，>C=O)は酸化を受けやすく，銀イオン(Ag^+)のような弱い酸化剤で容易に酸化される．このとき銀イオンは金属銀(Ag)に還元されて試験管の内壁に鏡のように付着する．この反応は**銀鏡反応**(**トレンス試験**)といい，酸化剤として2価の銅イオンを用いる**フェーリング試験**とともに糖の定性試験に利用される(5.1A.c 項参照)．

6.2 オリゴ糖

加水分解により2つの単糖を生成するものを**二糖**(ジサッカリド，ビオース)，3つ生成するものを**三糖**(トリサッカリド)といい，一般に単糖の数が8個までのものを**オリゴ糖**(少糖類)という．

環状構造をとっている単糖のヘミアセタールのヒドロキシ基(-OH)が別の単糖のヒドロキシ基と脱水縮合すると二糖となる．この結合を**グリコシド結合**という．このとき1つの糖で還元基が残っているものは，トレンス試薬やフェーリング溶液を還元できるので，**還元糖**である．一方，2つの糖のアノマー炭素同士がグリコシド結合で結ばれると還元基が残らないため，これらの試薬を還元できない**非還元糖**となる．

A. 還元糖

カルボニル基を(>C=O)もつ単糖は還元性を示すので還元糖である．一方，二糖であるD-マルトース(麦芽糖)はD-グルコピラノースのα-アノマーのアノマー炭素(1位)が，もう1分子のD-グルコピラノースの4位の炭素とグリコシド結合したものである．この結合をα1→4グリコシド結合，あるいは単にα1→4結合(またはα-1,4結合)という．2分子のD-グルコピラノースがβ1→4結合(またはβ-1,4結合)はしたものはセロビオース($C_{12}H_{22}O_{11}$)である．また，β-D-ガラクトピラノースとD-グルコピラノースがβ1→4結合したものはラクトース(乳糖，$C_{12}H_{22}O_{11}$)である．これらはいずれも，一方の糖に，結合に関与しないヘミアセ

図6.3 還元性二糖
＊還元末端のアノマー炭素

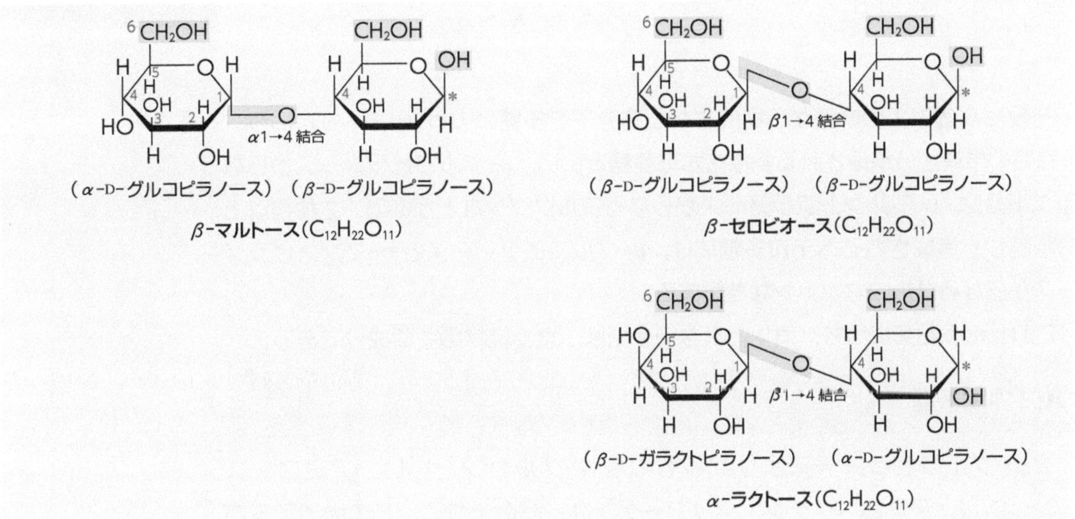

(α-D-グルコピラノース) (β-D-グルコピラノース)
β-マルトース($C_{12}H_{22}O_{11}$)

(β-D-グルコピラノース) (β-D-グルコピラノース)
β-セロビオース($C_{12}H_{22}O_{11}$)

(β-D-ガラクトピラノース) (α-D-グルコピラノース)
α-ラクトース($C_{12}H_{22}O_{11}$)

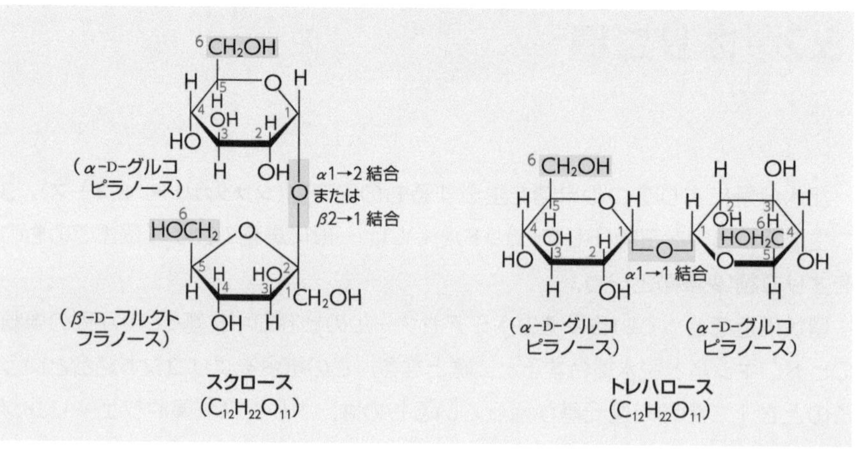

図 6.4 非還元性二糖

タールが残っているため還元性を示すので，還元糖である．またこれらの二糖にはα-アノマーとβ-アノマーが存在するが，このヘミアセタール部分を**還元末端**という（図 6.3）．

B. 非還元糖

スクロース（サッカロース，ショ糖，$C_{12}H_{22}O_{11}$）はα-D-グルコピラノースのアノマー炭素（1 位）とβ-D-フルクトフラノースのアノマー炭素（2 位）がグリコシド結合しているので，α1→2 結合もしくはβ2→1 結合となる．天然のトレハロース（$C_{12}H_{22}O_{11}$）は 2 分子のα-D-グルコピラノースがα1→1 結合をしている．これらの二糖では，構成する両方の糖のアノマー炭素がいずれも結合に関与しているため，非還元性二糖となる（図 6.4）．

6.3 多糖

一般に 9 個以上の単糖から構成される高分子を**多糖**（グリカン）（表 6.2）という．1 種類の単糖から構成される多糖を**ホモ多糖**といい，D-グルコピラノースからなるグルカン，D-フルクトフラノースからなるフルクタンなどがある．2 種類以上の単糖から構成される**ヘテロ多糖**には，D-グルコピラノースと D-マンノピラノースからなるグルコマンナンなどがある．

これらの多糖類のうち，消化されない多糖は，食物繊維の主要成分である．

A. ホモ多糖

α-D-グルコピラノースよりなるものを**α-グルカン**といい，アミロース（$(C_6H_{10}O_5)_n$），アミロペクチン，グリコーゲンなどが含まれる．この中でアミロ

表6.2 多糖の分類

種類			名称	性質	構造
ホモ多糖	グルカン	α-グルカン	デンプン		
			アミロース	水溶性	(図 6.5 ①)
			アミロペクチン	水溶性	(図 6.5 ②)
			グリコーゲン	水溶性	(図 6.5 ②)
			プルラン	接着性	(図 6.5 ③)
		β-グルカン	セルロース	水不溶性	(図 6.5 ④)
			カードラン	熱可逆性，ゲル化	
	フルクタン		イヌリン*	熱水可溶	(図 6.5 ⑤)
	ポリガラクツロン酸		ペクチン	ゲル化，粘性	(図 6.5 ⑥)
	ポリ-N-アセチルグルコサミン		キチン	水不溶性	(図 6.5 ⑦)
ヘテロ多糖	グルコマンナン		コンニャクマンナン	ゲル化，保水性	(図 6.5 ⑨)
	ガラクタン		アガロース	ゲル化，寒天の主成分	(図 6.5 ⑧)
			カラゲニン（カラゲナン）	ゲル化，タンパク質と結合	β1→4 結合した D-ガラクトースと 3,6-アンヒドロ-L-ガラクトースを主核とし，α1→3 結合で各核同士を結合したもので硫酸を含む
	ガラクトマンナン		グアラン	粘性	(図 6.5 ⑩)
	ポリウロン酸		アルギン酸	粘性	D-マンヌロン酸と L-グロン酸が β1→4 結合したもの

＊ スクロースにフルクトースが重合した多糖で，厳密にはホモ多糖とはいえない．

図 6.5 多糖の構造

①アミロース

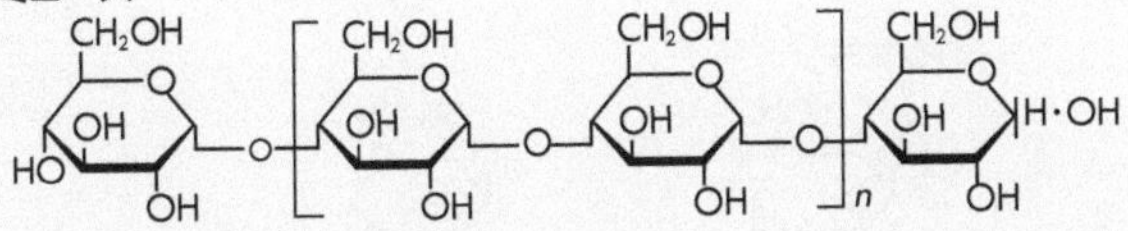

②アミロペクチンまたはグリコーゲン

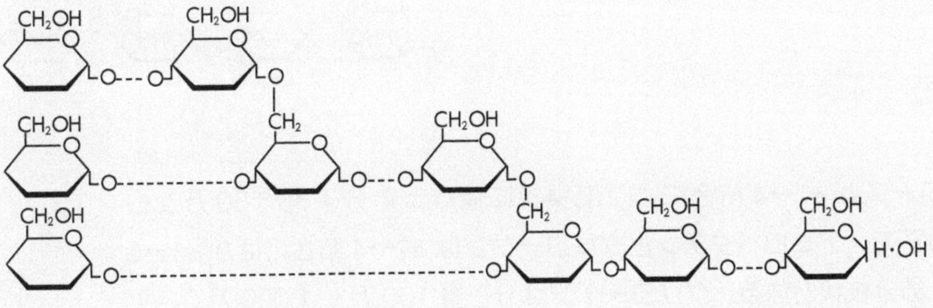

③プルラン

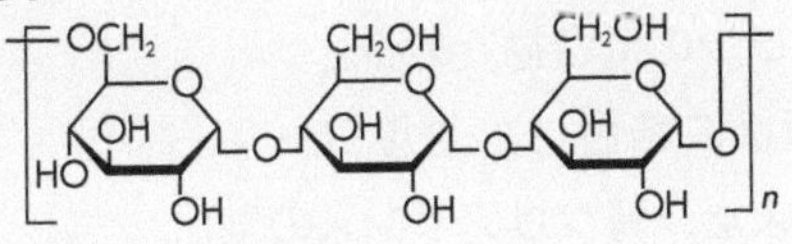

（つづく）

図 6.5（つづき）

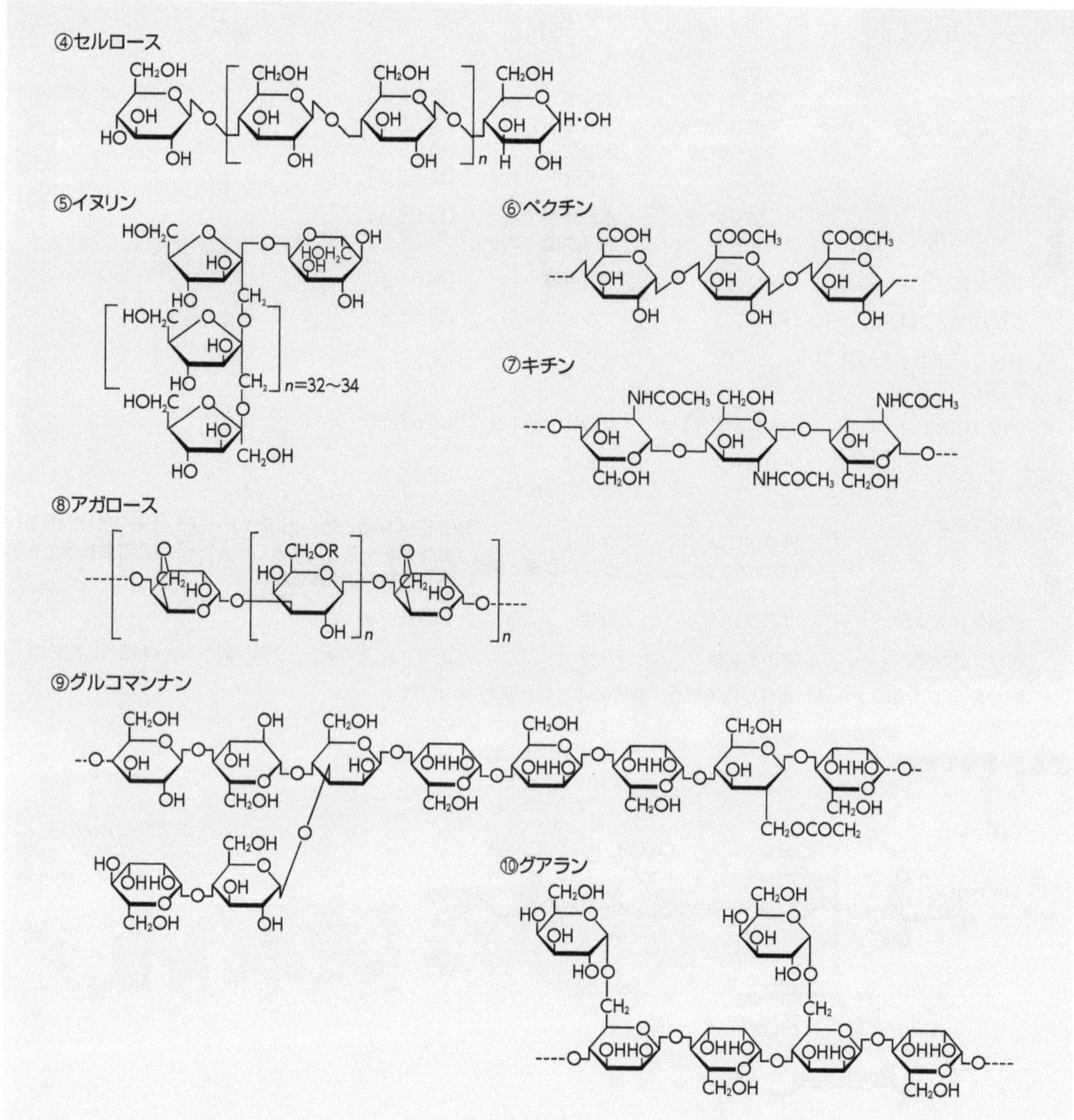

④セルロース

⑤イヌリン

⑥ペクチン

⑦キチン

⑧アガロース

⑨グルコマンナン

⑩グアラン

ースはグルコースが α1→4 結合により直鎖状に連なった分子量約 50 万から 200 万の高分子で，アミロペクチンとグリコーゲンは α1→4 結合のほか α1→6 結合を含むため分枝状となる．グリコーゲンは分子量 100 万～ 1,000 万で，アミロペクチンに比べ分子量は小さいが，分枝度が高く，単位鎖長が短い．植物の貯蔵型多糖であるデンプンはアミロースとアミロペクチンの混合物である．

β-D-グルコピラノースが *β*1→4 結合により直鎖状に結合したセルロース（$(C_6H_{10}O_5)_n$）は ***β*-グルカン**の代表的な化合物である．また，腎クリアランスの測定に用いられるイヌリン（$(C_6H_{12}O_5)_n$）は，D-フルクトフラノースが *β*2→1 結合で

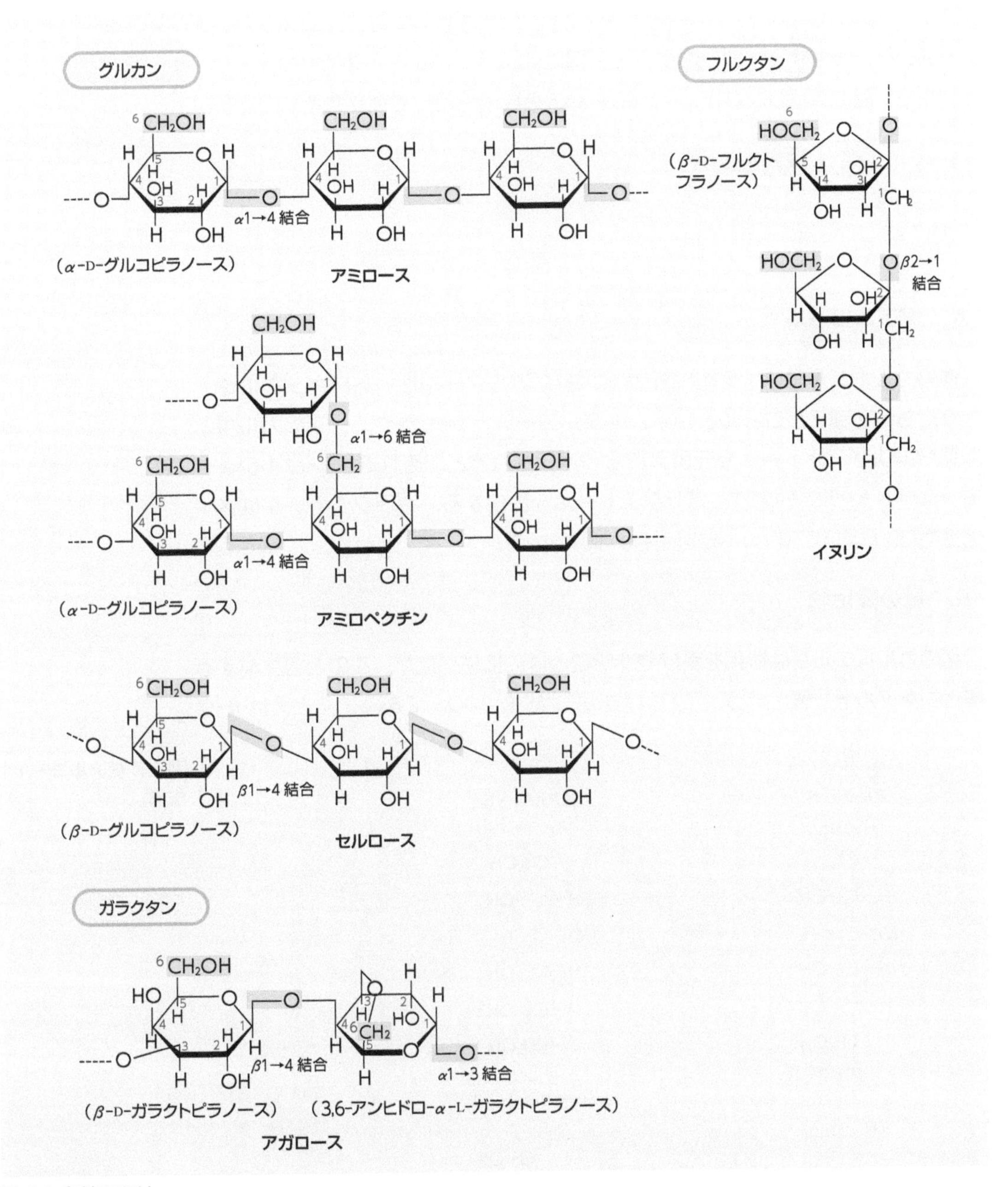

図 6.6 多糖における単糖の結合

重合した分子量 3,000 ～ 5,000 の**フルクタン**で，末端にはグルコースがスクロース型結合している．寒天に含まれるアガロースは D-ガラクトピラノースと 3,6-アンヒドロ L-ガラクトピラノースからなるガラクタンである(図 6.6)．

B. ヘテロ多糖

グルコマンナンは D-グルコピラノースと D-マンノピラノースが構成比約 2：

3でβ1→4結合したヘテロ多糖で，コンニャクに含まれるためコンニャクマンナンともいう．後述するウロン酸やアミノ糖には，グリコサミノグリカンとして，ヒアルロン酸やヘパリンなど，ヘテロ多糖の構成成分として存在するものが多い．

6.4 糖の誘導体

A. 糖アルコール

糖のカルボニル基(アルデヒド基，ケトン基)がアルコール性ヒドロキシ基に還元されたものを**糖アルコール**という．D-グルコースとD-ガラクトースのカルボニル基(-CHO)がアルドース還元酵素により還元されると，それぞれD-グルシトール(D-ソルビトールともいう)とガラクチトールを生成する．ガラクチトールはメソ化合物(3.4節参照)であり，光学活性はない(図6.7)．

B. 糖の酸化物

糖のカルボニル基は酸化を受けやすいことは先に述べたが，このとき生成する酸化物を**アルドン酸**という．これはカルボン酸(R-COOH)である．たとえばD-グ

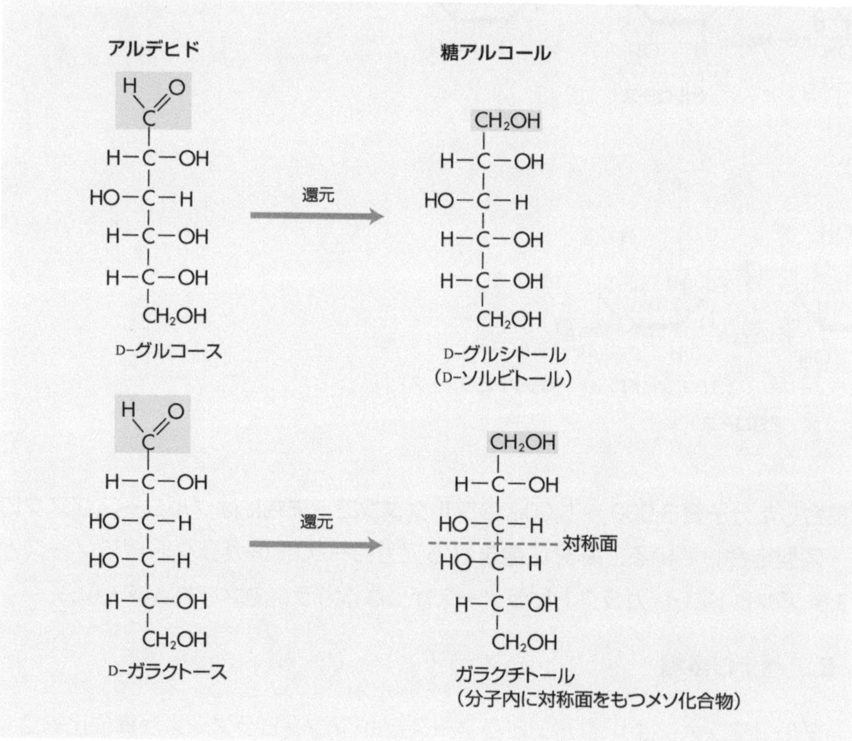

アルデヒド
D-グルコース
還元
糖アルコール
D-グルシトール
(D-ソルビトール)

D-ガラクトース
還元
対称面
ガラクチトール
(分子内に対称面をもつメソ化合物)

図6.7 糖アルコールの生成

ルコースがトレンス試薬と反応するとD-グルコン酸($C_6H_{12}O_7$)を生成する．一方，アルドースのカルボニル基（-CHO）はそのままで，反対側の炭素鎖末端のヒドロキシメチル基（$-CH_2OH$）がカルボキシ基（-COOH）に酸化されたものは**ウロン酸**

図 6.8 糖の酸化物

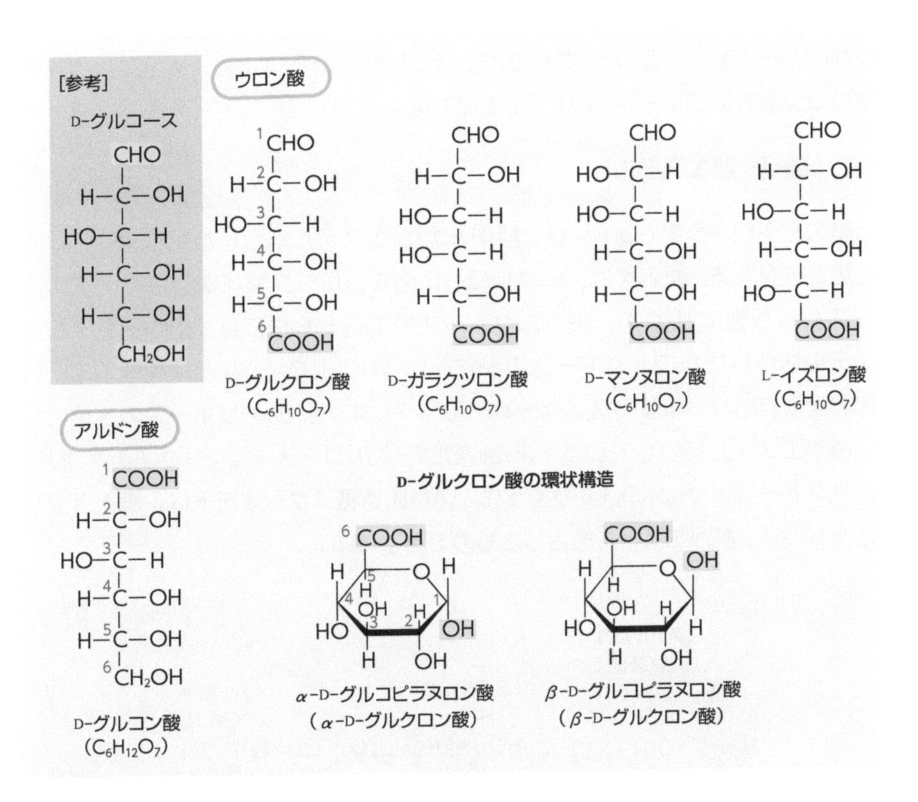

表6.3 アルドースの誘導体

炭素数	アルドース(分子式)	糖アルコール(アルジトール)	酸化物	
			アルドン酸	ウロン酸
4	エリトロース($C_4H_8O_4$)	エリトリトール	エリトロン酸	エリトルロン酸
	トレオース($C_4H_8O_4$)	トレイトール	トレオン酸	トレウロン酸
5	リボース($C_5H_{10}O_5$)	リビトール	リボン酸	リブロン酸
	アラビノース($C_5H_{10}O_5$)	アラビニトール	アラビノン酸	アラビヌロン酸
	キシロース($C_5H_{10}O_5$)	キシリトール	キシロン酸	キシルロン酸
	リキソース($C_5H_{10}O_5$)	アラビニトール	リキソン酸	リキスロン酸
6	アロース($C_6H_{12}O_6$)	アリトール	アロン酸	アルロン酸
	アルトロース($C_6H_{12}O_6$)	アルトリトール	アルトロン酸	アルトルロン酸
	グルコース($C_6H_{12}O_6$)	グルシトール	グルコン酸	グルクロン酸
	マンノース($C_6H_{12}O_6$)	マンニトール	マンノン酸	マンヌロン酸
	グロース($C_6H_{12}O_6$)	グルシトール	グロン酸	グルロン酸
	イドース($C_6H_{12}O_6$)	イジトール	イドン酸	イズロン酸
	ガラクトース($C_6H_{12}O_6$)	ガラクチトール	ガラクトン酸	ガラクツロン酸
	タロース($C_6H_{12}O_6$)	アリトリトール	タロン酸	タルロン酸

といい，これもカルボン酸である．D-グルコース，D-ガラクトース，D-マンノース，L-イドースにそれぞれ対応する，D-グルクロン酸，D-ガラクツロン酸，D-マンヌロン酸，L-イズロン酸がそのおもなものである．ウロン酸はカルボニル基(-CHO)が残っているため環状構造をとることができ，たとえばD-グルクロン酸のヘミアセタールはD-グルコピラヌロン酸という(図6.8)．表6.3に代表的なウロン酸およびアルドン酸をまとめている．

C. 糖リン酸エステル

糖のヒドロキシ基(-OH)にリン酸(H_3PO_4)がエステル結合した化合物は生体内に広く存在する．たとえば，D-グルコースの6位にリン酸が結合したD-グルコース6-リン酸($C_6H_{13}O_9P$)，D-フルクトースの1位と6位にリン酸がそれぞれエステル結合したD-フルクトース1,6-二リン酸($C_6H_{14}O_{12}P_2$)などは解糖系の中間代謝産物であり，核酸の構成成分であるヌクレオチドもD-リボースの5位にリン酸がエステル結合している．また，UDP-グルコース($C_{15}H_{24}N_2O_{17}P_2$)やUDP-ガラクトース($C_{15}H_{24}N_2O_{17}P_2$)のような，いわゆる**糖ヌクレオチド**は，糖とヌクレオチドのリン酸がエステル結合したものである(図6.9)．

UDP：uridine 5′-diphosphate

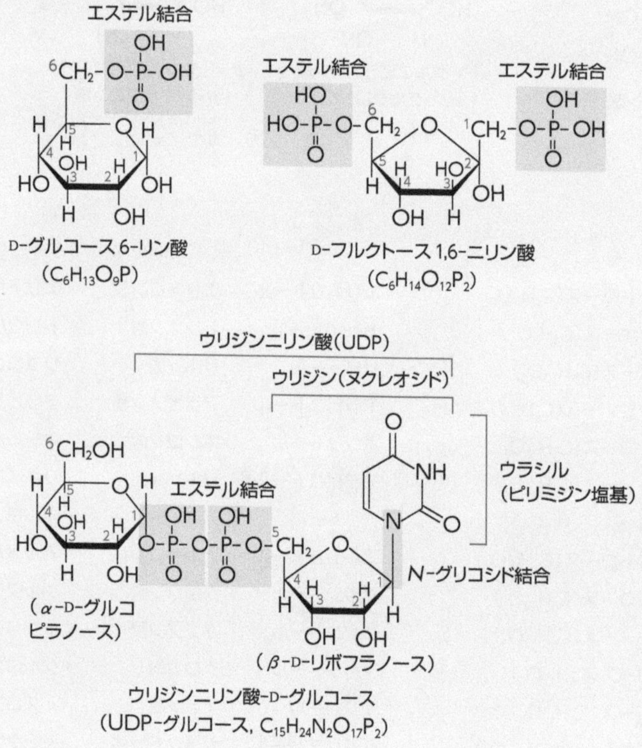

図6.9 糖リン酸エステルと *N*-グリコシド

D. アミノ糖

糖のヒドロキシ基(-OH)がアミノ基(-NH_2)に置換されたものを**アミノ糖**という．D-グルコースあるいはD-ガラクトースの2位のヒドロキシ基がそれぞれアミノ基で置換されたものがD-グルコサミン(2-アミノ-2-デオキシ-D-グルコピラノース，$C_6H_{13}NO_5$)あるいはD-ガラクトサミン(2-アミノ-2-デオキシ-D-ガラクトピラノース，$C_6H_{13}NO_5$)であり，さらにそれぞれのアミノ基がアセチル化(アセチル基，-$COCH_3$)されると，*N*-アセチル-D-グルコサミン($C_8H_{15}NO_6$)あるいは*N*-アセチル-D-ガラクトサミン($C_8H_{15}NO_6$)となる．ノイラミン酸($C_9H_{17}NO_8$)のアシル誘導体を**シアル酸**というが，その中でも*N*-アセチルノイラミン酸($C_{11}H_{19}NO_9$)は，糖タンパク質や糖脂質の糖鎖の構成成分として重要なアミノ糖である．節足動物の外骨格の主成分であるキチン($(C_8H_{13}NO_5)_n$)は*N*-アセチル-D-グルコサミンがβ1→4結合でつながったホモ多糖である(図6.10)．

図6.10 アミノ糖

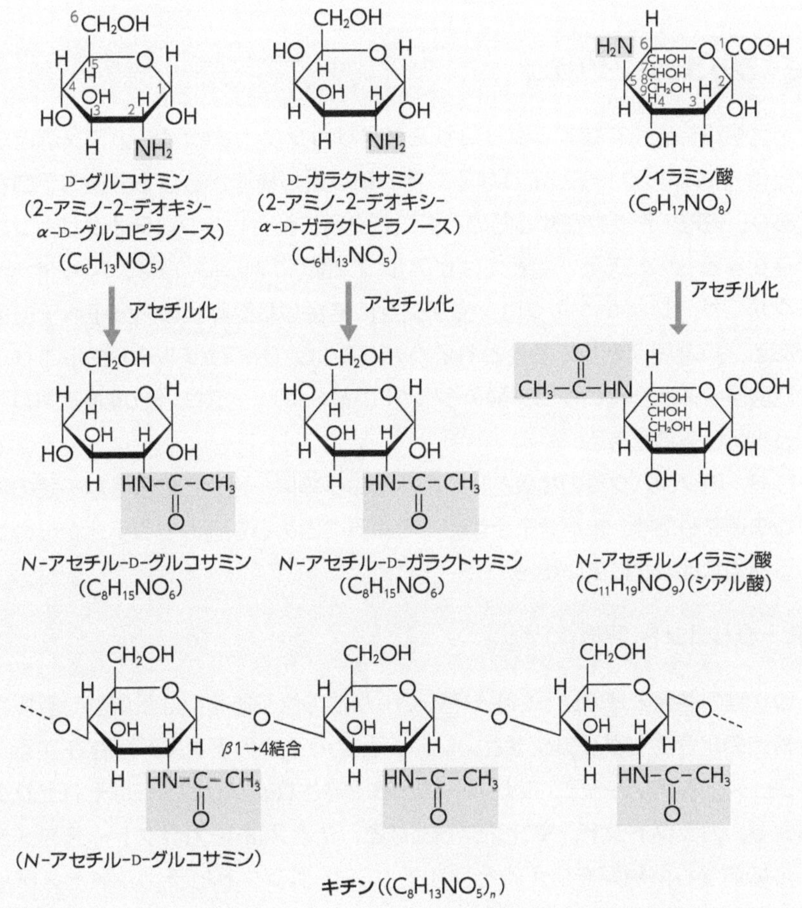

D-グルコサミン (2-アミノ-2-デオキシ-α-D-グルコピラノース) ($C_6H_{13}NO_5$)

D-ガラクトサミン (2-アミノ-2-デオキシ-α-D-ガラクトピラノース) ($C_6H_{13}NO_5$)

ノイラミン酸 ($C_9H_{17}NO_8$)

アセチル化

N-アセチル-D-グルコサミン ($C_8H_{15}NO_6$)

N-アセチル-D-ガラクトサミン ($C_8H_{15}NO_6$)

N-アセチルノイラミン酸 ($C_{11}H_{19}NO_9$)(シアル酸)

β1→4結合

(*N*-アセチル-D-グルコサミン)

キチン ($(C_8H_{13}NO_5)_n$)

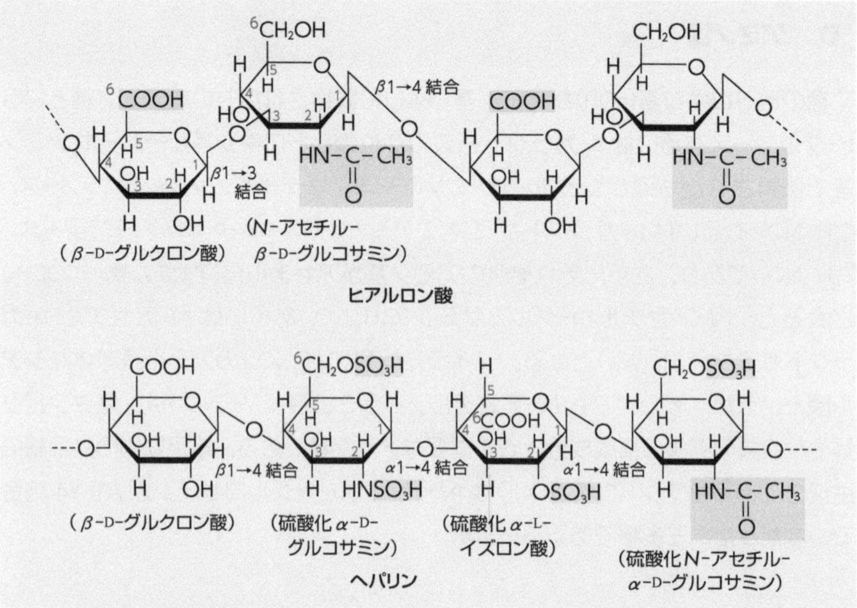

β1→3 結合
β1→4 結合
(β-D-グルクロン酸) (N-アセチル-β-D-グルコサミン)
ヒアルロン酸

β1→4 結合
α1→4 結合
α1→4 結合
(β-D-グルクロン酸) (硫酸化 α-D-グルコサミン) (硫酸化 α-L-イズロン酸) (硫酸化 N-アセチル-α-D-グルコサミン)
ヘパリン

図 6.11 グリコサミノグリカンにおける単糖の結合
ヘパリンのウロン酸は硫酸化イズロン酸が，アミノ糖は硫酸化グルコサミンがそれぞれ大部分を占める．

E. グリコサミノグリカン

結合組織に広く存在する**グリコサミノグリカン**(**ムコ多糖**)は，アミノ糖とウロン酸(あるいはガラクトース)よりなる二糖の繰り返し構造からなる長鎖ヘテロ多糖であり，遊離の形で存在するものとタンパク質に結合した**プロテオグリカン**の形で存在するものがある．たとえばヒアルロン酸($(C_{14}H_{18}NO_{11})_n$)は，*N*-アセチル-D-グルコサミンと D-グルクロン酸が交互に結合した直鎖状の高分子ヘテロ多糖である．抗凝固剤としても使われるヘパリンは，(*N*-アセチル-)D-グルコサミンの硫酸置換体と 2 種のウロン酸(D-グルクロン酸および L-イズロン酸の硫酸置換体)からなるヘテロ多糖である．

なお，**糖タンパク質**の糖鎖としてのヘテロ多糖は，通常このような一定の繰り返し構造をもたず，また分子全体の中で糖質の占める割合はプロテオグリカンのほうが通常はるかに高い(図 6.11)．

F. グリコシド(配糖体)

環状糖の還元末端のヒドロキシ基(-OH)が他の原子あるいは反応基で置換された構造の化合物を**グリコシド**といい，αとβの 2 つのアノマーが存在する．グルコース，ガラクトース，マルトースから誘導されるグリコシドはそれぞれ**グルコシド**，**ガラクトシド**，**マンノシド**となる．たとえば D-ガラクトースをメタノールに溶かし酸触媒を加えると，メチル α-D-ガラクトピラノシドとメチル β-D-ガラクトピラノシドを生成する(図 6.12)．

図 6.12　*O*-メチルガラクトシド(グリコシドの 1 つ)の生成機構

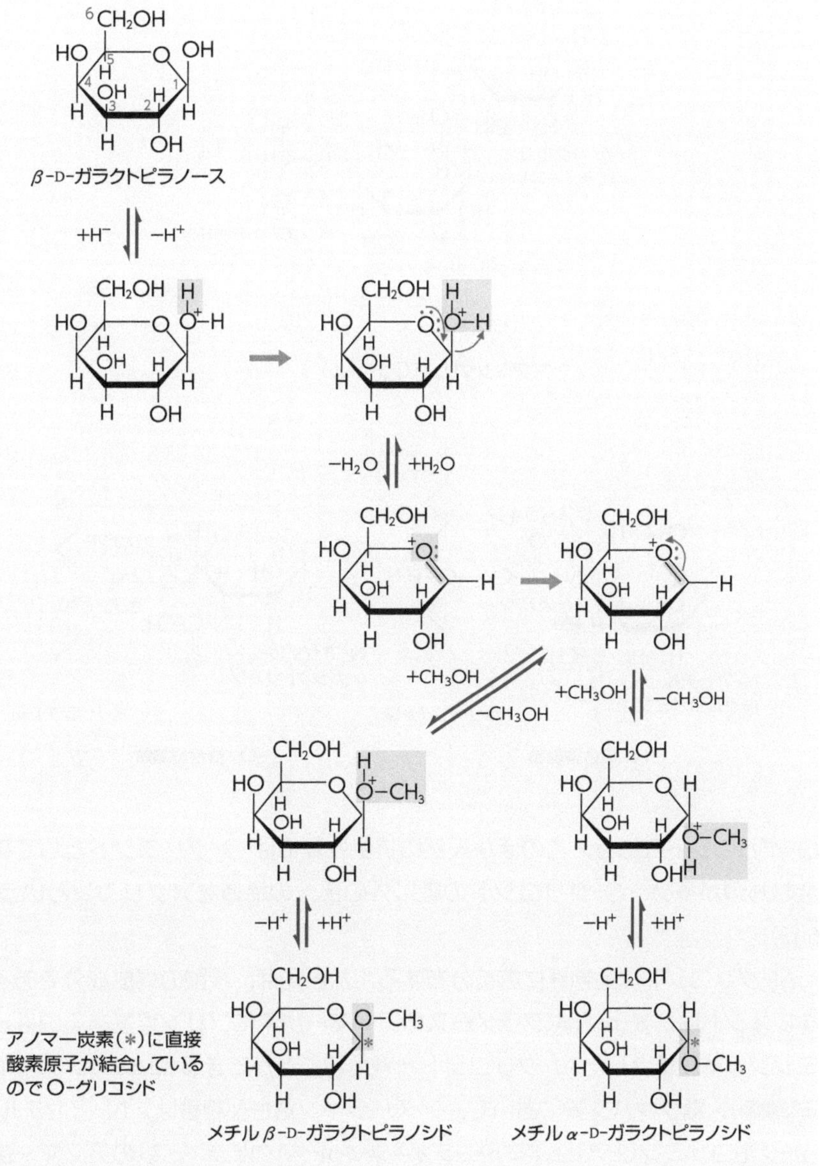

β-D-ガラクトピラノース

アノマー炭素(＊)に直接酸素原子が結合しているので O-グリコシド

メチル β-D-ガラクトピラノシド　　メチル α-D-ガラクトピラノシド

グリコシドにはアノマー炭素と直接結合している原子により，*O*-グリコシド，*N*-グリコシド，*S*-グリコシド，*C*-グリコシドに分類されるが，狭義にグリコシドといえば，*O*-グリコシドをさす．先のメチル α-D-ガラクトピラノシドとメチル β-D-ガラクトピラノシドも *O*-グリコシドである．*O*-グリコシドは植物界に広く分布し，たとえばビターアーモンドに含まれるアミグダリン($C_{20}H_{27}NO_{11}$)は，D-グルコース 2 分子が β1→6 結合で結合したゲンチオビオース($C_{12}H_{22}O_{11}$)の β-アノマーに，ベンズアルデヒド(C_6H_5CHO)のシアノヒドリンが結合した

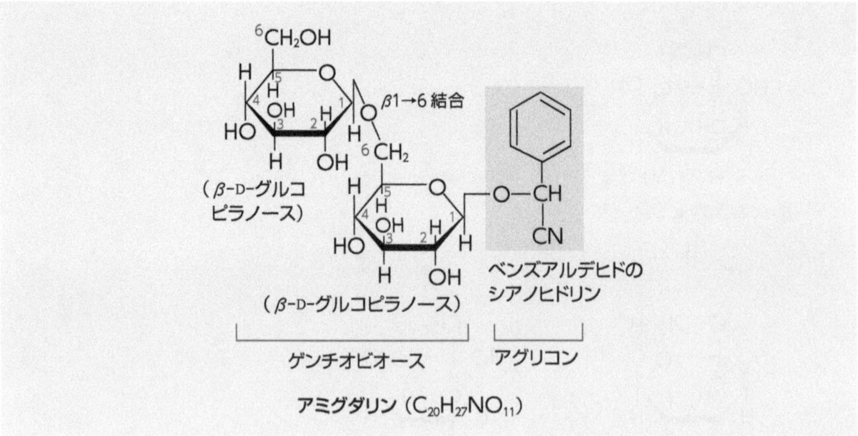

図 6.13　*O*-グリコシド

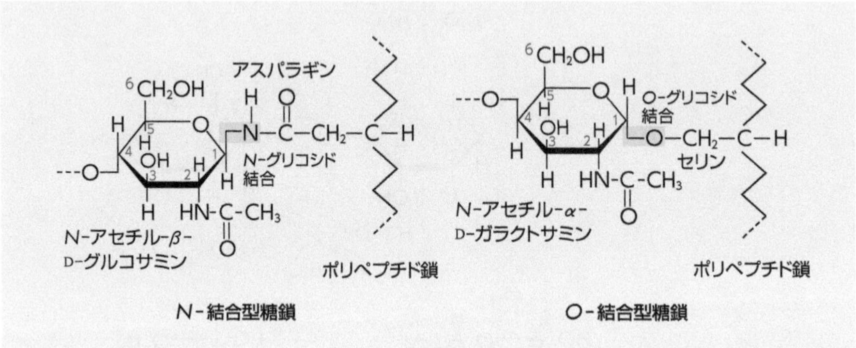

図 6.14　**糖タンパク質におけるポリペプチド鎖と糖鎖の結合**

O-グリコシドである．このほか天然の抗生物質には *O*-グリコシドとして糖を含むものが多い．*O*-グリコシドの糖以外の部分の構造をアグリコンという(図 6.13)．

N-グリコシドは動物界に広く分布する．たとえば，核酸の構成成分であるヌクレオシドは，*β*-D-リボフラノースのアノマー炭素にプリン塩基あるいはピリミジン塩基が結合した *N*-グリコシドと考えることができる(図 6.9 のウリジンの構造を参照)．糖タンパク質において，アスパラギン結合型糖鎖は，*N*-アセチル-*β*-D-グルコサミン(2-アセトアミド-2-デオキシ-*β*-D-グルコピラノース)のアノマー炭素に，アスパラギン($NH_2COCH_2CH(COOH)NH_2$)のアミド基($-CONH_2$)が結合した *N*-グリコシド結合を含むため，***N*-結合型糖鎖**という．一方，セリン($C_3H_7NO_3$)あるいはトレオニン($C_4H_9NO_3$)に結合する糖鎖は *N*-アセチル-*α*-D-ガラクトサミンのような糖と *O*-グリコシド結合を介して結合しているため，***O*-結合型糖鎖**という(図 6.14)．

次の問題に答えなさい.

①グルコース，スクロース，マルトース，グリコーゲン，セルロースのうち，二糖はどれか.

②マルトースとスクロース，還元性を示さないのはどちらか.

③グルコースがα1→4 結合により直鎖状に連なったホモ多糖を何というか.

生体構成有機化合物編

7. アミノ酸とタンパク質

フレデリック・サンガー(1918～2013)
イギリス出身の生化学者．アミノ酸配列の決定法を発明し，インスリンの全化学構造を明らかにした．また，DNAの塩基配列の決定法を発明した．1958年と1980年の2度，ノーベル化学賞受賞．

7.1 アミノ酸

アミノ酸はタンパク質の基本的な構成単位であり，タンパク質の性質は根元的には構成アミノ酸に由来している．アミノ酸は，広義にはアミノ基($-NH_2$)をもつ酸としてタウリン($C_2H_7NO_3S$，含硫アミン)や2-アミノエチルホスホン酸($C_2H_8NO_3P$)などを含むが，狭義には分子内にアミノ基とカルボキシ基(-COOH)をあわせもつ化合物の総称であり，タンパク質の構成成分となっている20種類のアミノ酸をおもな対象とすることが多い．タンパク質構成アミノ酸の構造と略号を表7.1に示す．

アミノ酸はそれぞれの側鎖の性質によっていくつかのグループに分類される．ここでは，非極性(疎水性)アミノ酸，非解離極性アミノ酸，解離極性アミノ酸に分ける．さらに解離極性アミノ酸は，正電荷(塩基性)アミノ酸，負電荷(酸性)アミノ酸に分類する．ほかにも，側鎖に硫黄(S)を含むアミノ酸を含硫アミノ酸，芳香族側鎖をもつアミノ酸をまとめて芳香族アミノ酸などと分類する場合もある．

この20種類のアミノ酸の中で，コラーゲンやカゼインなどのタンパク質の構成成分であるプロリン($C_5H_9NO_2$)は，アミノ基をもたないので，アミノ酸ではなくα置換型アミノカルボン酸(イミノカルボン酸)であるが，ここではアミノ酸の一員として取り扱う．

A. アミノ酸の構造

アミノ酸(狭義)に共通の構造は図7.1に示すように，α-アミノ基とα-カルボキシ基を含む部分であり，アミノ酸の一般的性質はこの部分に由来している．

一方，各アミノ酸の個々の性質は側鎖(R-)の性質が大きく反映している．アミノ酸は生理的条件では，図7.1(B)に示すように，α-アミノ基，α-カルボキシ

表7.1 タンパク質構成アミノ酸

一般式 $H_2N-CH(R)-COOH$（プロリンを除く）

	名称 示性式または分子式	側鎖(R)	3文字略号	1文字略号	等電点(pI)	pK_a(25℃)	
						α-COOH	α-NH_3^+
非極性(疎水性)アミノ酸	アラニン $CH_3CH(NH_2)COOH$	H_3C-	Ala	A	6.00	2.3	9.7
	バリン $(CH_3)_2CHCH(NH_2)COOH$	H_3C / $CH-$ / H_3C	Val	V	5.96	2.3	9.6
	ロイシン $(CH_3)_2CHCH_2CH(NH_2)COOH$	H_3C / $CH-CH_2-$ / H_3C	Leu	L	5.98	2.4	9.6
	イソロイシン $C_2H_5CH(CH_3)CH(NH_2)COOH$	H_3C-CH_2 / $CH-$ / CH_3	Ile	I	6.02	2.4	9.7
	メチオニン $CH_3SCH_2CH_2CH(NH_2)COOH$	$S-CH_2-CH_2-$ CH_3	Met	M	5.74	2.1	9.3
	プロリン*2 $C_5H_9NO_2$	H, N, COOH, H	Pro	P	6.30	2.0	10.6*3
	フェニルアラニン $C_6H_5CH_2CH(NH_2)COOH$	$-CH_2-$	Phe	F	5.48	2.2	9.2
	トリプトファン $C_{11}H_{12}N_2O_2$	CH_2-, N, H	Trp	W	5.89	2.4	9.4
非解離極性アミノ酸	グリシン $HCH(NH_2)COOH$	$H-$	Gly	G	5.97	2.4	9.8
	セリン $HOCH_2CH(NH_2)COOH$	CH_2- OH	Ser	S	5.68	2.2	9.2
	トレオニン (スレオニン) $CH_3CH(OH)CH(NH_2)COOH$	H_3C-CH- OH	Thr	T	6.16	2.2	9.1

（つづく）

表7.1 (つづき)

		名称 示性式または分子式	側鎖(R)	3文字略号	1文字略号	等電点(pI)	pK_a(25℃)	
							α-COOH	α-NH_3^+
非解離極性アミノ酸		システィン $HSCH_2CH(NH_2)COOH$	CH_2— (SH)	Cys	C	5.07	1.9	10.5
非解離極性アミノ酸		チロシン β-$HOC_6H_4CH_2CH(NH_2)COOH$	HO—C_6H_4—CH_2—	Tyr	Y	5.66	2.2	9.1
非解離極性アミノ酸		アスパラギン H_2NCO-$CH_2CH(NH_2)COOH$	H_2N—C(=O)—CH_2—	Asn	N	5.41	2.0	8.8
非解離極性アミノ酸		グルタミン H_2NCO-$CH_2CH_2CH(NH_2)COOH$	H_2N—C(=O)—CH_2—CH_2—	Gln	Q	5.65	2.2	9.1
解離極性アミノ酸	正電荷アミノ酸	リシン(リジン) $H_2NCH_2(CH_2)_3CH(NH_2)COOH$	CH_2(—NH_2)—CH_2—CH_2—CH_2—	Lys	K	9.74	2.2	8.9
解離極性アミノ酸	正電荷アミノ酸	アルギニン $H_2NC(=NH)NH(CH_2)_3CH(NH_2)COOH$	H—N(—C(=NH)—NH_2)—CH_2—CH_2—CH_2—	Arg	R	10.76	1.8	9.0
解離極性アミノ酸	正電荷アミノ酸	ヒスチジン $C_6H_9N_3O_2$	(イミダゾール環 N, NH)—CH_2—	His	H	7.58	1.8	9.0
解離極性アミノ酸	負電荷アミノ酸	アスパラギン酸 $HOOCCH_2CH(NH_2)COOH$	HOOC—CH_2—	Asp	D	2.77	1.9	9.6
解離極性アミノ酸	負電荷アミノ酸	グルタミン酸 $HOOCCH_2CH_2CH(NH_2)COOH$	HOOC—CH_2—CH_2—	Glu	E	3.22	2.2	9.7

＊1　色で表示した部分は各アミノ酸の特徴的な構造，＊2　置換型アミノ酸，＊3　プロリンの置換型アミノ基の pK_a
[資料：日本化学会編，化学便覧基礎編改訂6版，丸善(2021)]

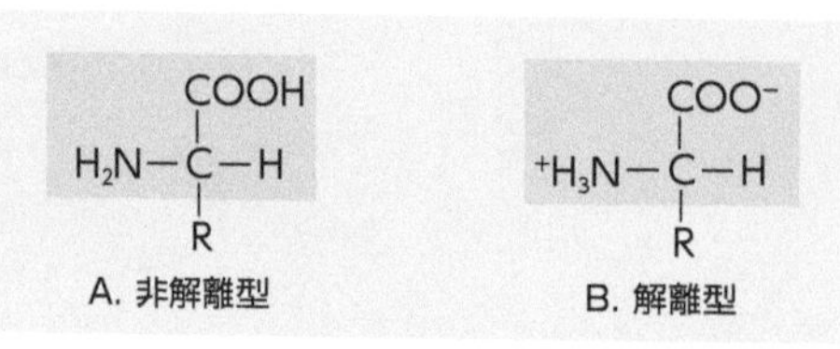

図7.1　アミノ酸の非解離型と解離型
生理的pHの水溶液中では解離型をとる．
R：側鎖

基ともに解離して，アンモニウムイオン($-NH_3^+$)およびカルボキシレートイオン($-COO^-$)として存在している．

α-アミノ基は，pK_a 値(電解質の解離定数を K_a としたとき，p$K_a = -\log_{10} K_a$ で定義される値)が約 9.4 であり，pH 8 以下の条件ではほぼ完全にイオン化して存在している．一方，α-カルボキシ基は pK_a 値が 2.2 付近にあって，生理的条件を含む pH 3.5 以上では解離している．このように，アミノ酸は両性電解質で酸・塩基両方の性質をあわせもち，無機の塩にも似た一種の有機塩とみなすこともできる．このため固体状態では安定な結晶格子構造を形成し，異例ともいえる高い分解点*1 を示す．グリシン(H_2NCH_2COOH)は約 234℃の分解点を示す．インドール環をもつトリプトファン($C_{11}H_{12}N_2O_2$)などは例外として，6 mol/L 程度の塩酸溶液中でアミノ酸は 100℃，数時間の嫌気的加熱に対してもほぼ安定である．アミノ酸の性質や反応性を通観すると，生命の誕生においてアミノ酸を構成成分とするタンパク質が生命の重要な担い手となった必然性が理解できる．

＊1　単一組成の物質を加熱したとき，ある一定の温度(または温度領域)で 2 種類以上の化合物に熱分解をはじめる温度．測定方法，加熱速度などによってもかわる．

アミノ酸は，水溶液中で α-NH_3^+ の強い正電荷によって，α-カルボキシ基は容易に水素イオン(H^+)を失って α-COO^- になるので，カルボン酸(R-COOH)でありながら強い酸として作用する．たとえばグリシンのカルボキシ基の pK_a は 2.4 で，酢酸の 4.8 よりもはるかに低い．各アミノ酸の pK_a 値は表 7.1 に記した．グルタミン酸($HOOCCH_2CH_2CH(NH_2)COOH$)，リシン($H_2NCH_2(CH_2)_3CH$-$(NH_2)COOH$)などの側鎖に解離基をもつアミノ酸は，さらに側鎖の基の解離に基づく pK_a や pK_b(塩基の解離定数)をもつ．

両性電解質であるアミノ酸は電荷に応じて電場で泳動する．実効電荷が 0 となり，電場で泳動しない状態の pH を等電点 pI という．アミノ酸の純水溶液で解離基と H^+ の平衡だけを考えた場合には，pI は等イオン点*2 に極めて近い．

＊2　タンパク質や両性電解質の水溶液が，他のイオンが共存しない状態で示す pH．他のイオンとしては，水が電離して生成する水素イオン，水酸化物イオン，両性電解質そのもののイオンを除く．

タンパク質も両性電解質であり当然それぞれの等電点をもっており，それらの差を利用して複数のタンパク質を分離することも可能である．電気泳動法はその手法の代表である．

B.　アミノ酸の立体構造による特徴

グリシンを除く，α-アミノ酸はそれぞれの α 炭素がキラル(不斉)炭素であり，空間的に重なり合わない 1 対の鏡像異性体(エナンチオマー)が存在する(図 7.2)．両者は物理化学的な性質は同じであるが，偏光面を回転させる方向が違っており，またキラルな他の分子との反応性も異なる．タンパク質を構成しているアミノ酸は，少数の例外を除いてL形であり，一般にこれは *S* 形(*RS* 表示法)に相当するが，システイン($HSCH_2CH(NH_2)COOH$)は硫黄(S)を含むのでL形(*R* 形)となる．生化学の分野では，この例外による混乱を避けるため，アミノ酸の立体表示は，通常DL表示法が用いられている．

また，D-アミノ酸は非天然の化合物であるとみなされてきたが，近年，多くの種類のD-アミノ酸が遊離あるいは結合状態で各種の生体内に存在することが

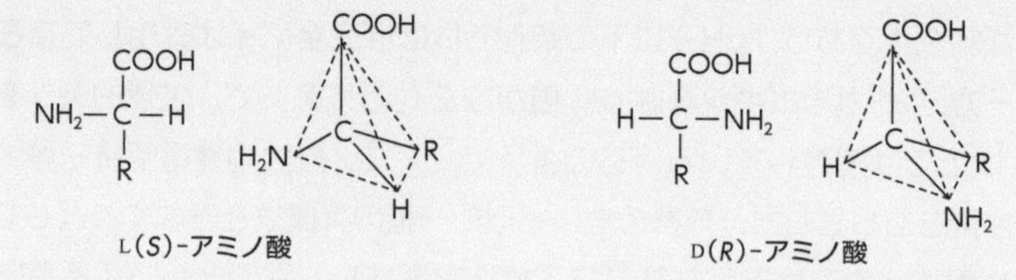

L(S)-アミノ酸　　D(R)-アミノ酸

図7.2 アミノ酸の立体異性体
システインにおいてはL形は*R*形，D形は*S*形に相当する．

表7.2 天然に存在するD-アミノ酸の代表例

	D-アミノ酸	所在	状態
動物	アラニン	タコの筋肉 ガチョウの筋肉，ナガカメムシ，鱗翅類の幼虫，モルモットの血液	結合態(オクトピン) 遊離
	グルタミン酸	コフキコガネの筋肉	遊離
	セリン	哺乳類の脳(神経伝達物質) 鱗翅類のさなぎ ミミズ	遊離 遊離 遊離ならびに結合態(セリンエタノールアミンホスホジエステル，ロンブリシン，*N*-ホスホリルロンブリシン)
	システイン	ホタル	ルシフェリン
	D-アミノ酸	所在	
微生物と植物	アラニン	細菌の細胞壁，バシラス(*Bacillus*)属細菌の胞子，アルファルファなどの芽生え，エンドウの芽生え(*N*-マロニル-D-アラニン)	
	アスパラギン酸	細菌の細胞壁，バシトラシンA	
	グルタミン酸	枯草菌(*Bacillus subtilis*)などの細胞外粘質物，細菌の細胞壁，各種植物の芽生え	
	ロイシン	グラミシジン，ポリミキシン，チルリン，エタマイシン，各種植物の芽生え	
	イソロイシン	モナマイシン	
	フェニルアラニン	グラミシジン，チロシジン，ポリミキシン，バシトラシン，マイコバクテリウム(*Mycobacterium*)属細菌	
	ピペコリン酸	アスパルトシン，アムホマイシン	
	プロリン	γ-L-グルタミル-1-アミノ-プロリン(アマ種子)	
	セリン	ポリミキシンD，エチノマイシン	
	トリプトファン	タバコの細胞	
	バリン	グラミシジンD，アクチノマイシン，アオカビ(*Penicillium chrysogenum*)	

明らかになった．これらのD-アミノ酸の多くは生体内で独自の生理的役割を演じている．表7.2に代表的なD-アミノ酸の存在を示す．D-アミノ酸は，非天然という概念が否定されてからも，DNAからのタンパク質の合成においては，L-アミノ酸をコードするコドンは存在するが，D-アミノ酸をコードするDNAのコドンが存在しないため，生体内のタンパク質は，L-アミノ酸のみから構成されると考えられてきた(第10章参照)．しかし，老化水晶体タンパク質にはD-アスパラギン酸($HOOCCH_2CH(NH_2)COOH$)などが存在することが明らかにされた．さら

に，数種の細菌および真核生物などの可溶性画分に，D-セリン，D-アラニン，D-グルタミン酸などを含むペプチドの存在も報告された．納豆の粘質物(糸)はおもにD-グルタミン酸(80%)とL-グルタミン酸(20%)がγ-ペプチド結合で連なった高分子(分子量：数万～1,000万)であり，ホタルの蛍光物質のルシフェリンにはD-システインが，タコの筋肉のオクトピンにはD-アラニンが構成成分として存在する．タンパク質中のD-アミノ酸残基は，前駆体タンパク質中の相当するL-アミノ酸残基が，タンパク質合成後に生じた反応によりD-アミノ酸残基に変換されたと考えられる．表7.2のD-アミノ酸は，一般には非タンパク質アミノ酸とみなされるが，上述したように最近，タンパク質中にD-アミノ酸残基の存在が報告され，その生理的役割やその生成機構が研究されつつある．

一方，シトルリン($C_6H_{13}N_3O_3$，アンモニアから尿素を生成する尿素回路の一員)やオルニチン(尿素回路の一員，アルギニン合成の中間体)，L-α-アミノアジピン酸，L-ピペコリン酸，キヌレニン，β-アラニン(パントテン酸の構成成分)，ホモシステイン，チロキシン(甲状腺ホルモン)，γ-アミノ酪酸(GABA)，テアニン(緑茶の旨味成分)などは特殊な生理活性を有する重要な非タンパク質アミノ酸である．

7.2 タンパク質

タンパク質は，基本的には一方のα-アミノ酸のα-カルボキシ基と，もう一方のα-アミノ酸のα-アミノ基がペプチド結合(図7.3)により脱水結合して生じるポリペプチドであり，一般に1万以上の分子量をもつ高分子である．タンパク質

図7.3 ペプチド結合

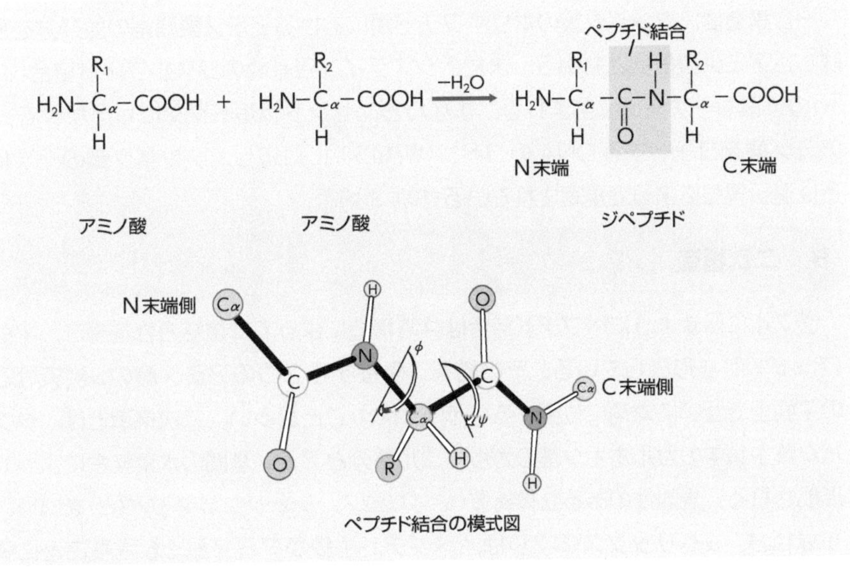

表7.3 複合タンパク質

種類(作用)	結合	例(補助因子)
糖タンパク質 (抗体，ホルモンなどとして作用)	炭水化物	オボアルブミン，γ-グロブリン(ガラクトース，マンノースなど)
核タンパク質 (遺伝情報の発現，タンパク質の翻訳)	核酸	ヒストン，プロタミン
リンタンパク質(栄養分として重要)	リン酸	カゼイン，ホスビチン
リポタンパク質(脂質の貯蔵や輸送に関与)	脂質	血漿リポタンパク質(リン脂質など)
色素タンパク質 ヘムタンパク質 フラビンタンパク質	 ヘム フラビンなど	 ヘモグロビン，カタラーゼ，シトクロム c (鉄プロトポルフィリン) コハク酸デヒドロゲナーゼ(FAD，鉄と硫黄)，D-アミノ酸オキシダーゼ(FAD)
金属タンパク質(金属の輸送や貯蔵)	金属イオン	フェリチン(水酸化鉄) シトクロムオキシダーゼ(鉄と銅) アルコールデヒドロゲナーゼ(亜鉛)

の性質や機能は，構成アミノ酸の配列や組成によって決まる．特にタンパク質分子の物理的・化学的性質は，構成アミノ酸のα位の炭素原子に結合している側鎖の性質によって大きく左右される．

タンパク質には，アミノ酸のみから構成されている**単純タンパク質**とアミノ酸以外の無機あるいは有機成分を含む**複合タンパク質**が存在する(表7.3)．複合タンパク質には糖鎖が付加した**糖タンパク質**，リン脂質や中性脂肪などが付加した**リポタンパク質**，金属元素を結合した**金属タンパク質**などがある．

タンパク質の構造は一次，二次，三次，四次構造に分けて論じられる．また，二次，三次，四次構造はまとめて高次構造という．

A. 一次構造

一次構造は，タンパク質のポリペプチド鎖におけるアミノ酸残基の並び方を意味し，アミノ酸配列ともいう．また，システイン残基間のジスルフィド結合(-S-S-)の位置も一次構造に含まれる．すなわち，セントラルドグマにしたがってL-アミノ酸をコードするDNAのコドン(塩基配列)に対応し，タンパク質の一次構造は遺伝情報によって規定されている(10.4節参照)．

B. 二次構造

図7.4に示すようにペプチド結合は共鳴構造によって二重結合性を帯び，平面(アミド平面)を形成している．その結果，隣接する2つのアミノ酸のα炭素はこの平面上で互いに対角に位置する(トランス構造)ことが多い．二次構造とは，タンパク質主鎖中のカルボキシ基のカルボニル部分とアミノ基間の水素結合によって形成される，規則性のある立体構造(αヘリックス，βシート，βターンなど)をいう．すなわち，**αヘリックス**(図7.5)は，ペプチド主鎖がアミノ酸3.6残基ごとに繰

図7.4　ペプチド結合の共鳴構造

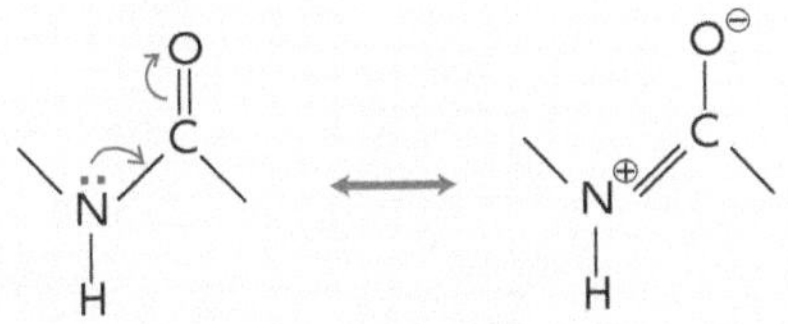

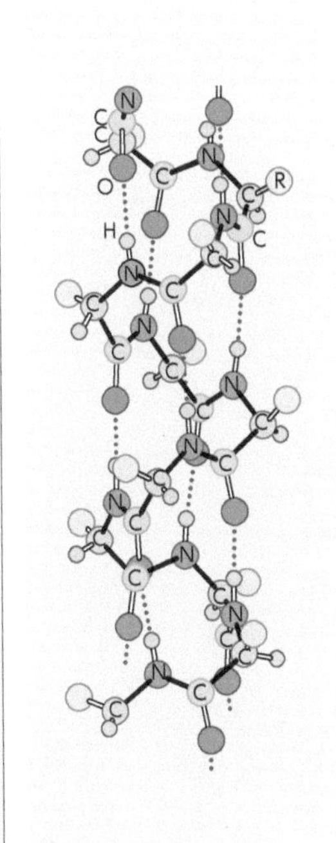

図7.5　αヘリックス

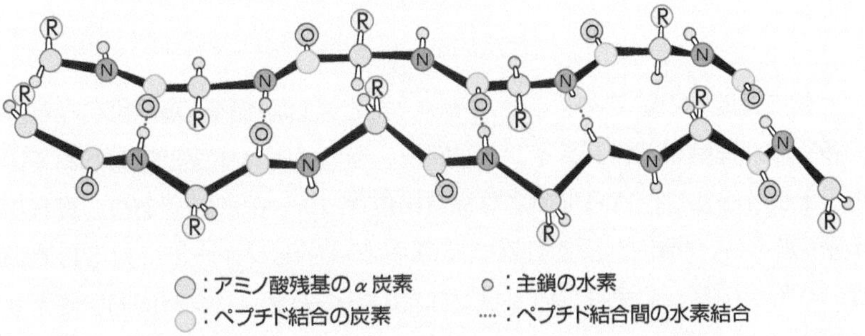

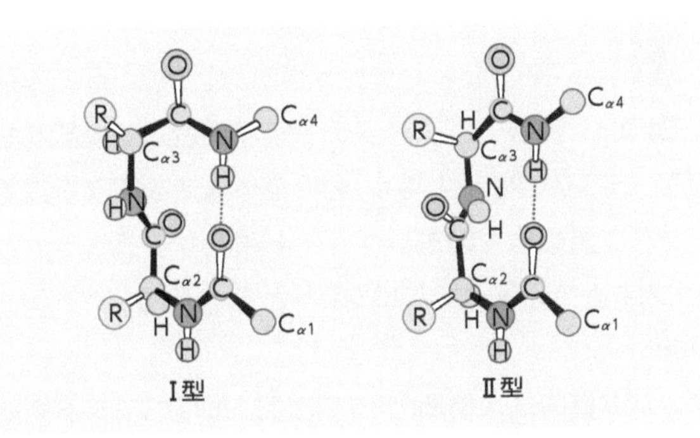

図7.6　βシート構造

I型

II型

図7.7　βターン構造

り返す右巻きらせん構造をいう．らせん1回転あたり4つの水素結合が形成され，αヘリックス構造が安定化される．**βシート構造**(図7.6)は，複数のペプチド鎖が平行して並び，隣接するポリペプチド主鎖間の水素結合によって形成されたシート状の構造である．β構造ともいい，全体としてひだ状板構造を形成する．**βターン構造**(図7.7)は，ペプチド鎖の方向がほぼ180°で鋭角的に折り返す構造をいう．4つのアミノ酸残基により形成され，4個ごとのアミノ酸の間の水素結合が形成され安定化される．

C.　三次構造

タンパク質のポリペプチド主鎖が最終的に形成する立体構造(コンホメーション)を三次構造という(図7.8)．**ドメイン構造**や**モジュール**という機能的な単位から構成されている．ドメイン構造は，球状タンパク質(後述)などにおいて，その立体構造はドメイン(領域を意味する)という構造的に独立した単位からなる．1つのドメインは通常100～200個のアミノ酸残基から構成され，構造的単位である

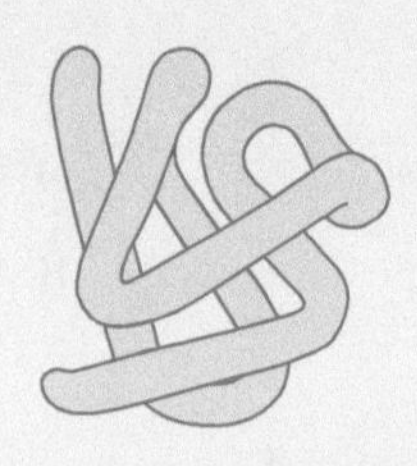

図7.8　タンパク質の三次構造

とともに機能的単位であることが多い．たとえば解糖系の酵素タンパク質(後述)の多くは，補酵素結合ドメインと触媒反応を行うドメインとに分かれている．一方，モジュールは，さらに小さな構造単位(約 10〜40 残基)であり，真核生物の遺伝子のタンパク質に翻訳される領域(エキソン)がモジュールに対応していることが，ヘモグロビンや免疫グロブリンなどの多くのタンパク質において示されている．

D.　四次構造

サブユニット構造ともいい，複数のポリペプチド鎖が集合して機能をもつようなタンパク質をオリゴマータンパク質といい，その全体構造を四次構造という．これらのオリゴマータンパク質の個々のポリペプチド鎖をサブユニットという．たとえば，ヘモグロビンは 2 つのα-サブユニットと 2 つのβ-サブユニットから構成されている(図 7.9)．

上述したように，タンパク質の高次構造の形成には，ポリペプチド主鎖中のジスルフィド結合，水素結合，イオン結合，疎水結合などのさまざまな結合がかかわっており，多くのタンパク質はそれぞれ固有の三次元構造を保有しているため，一般的には繊維状タンパク質と球状タンパク質とに構造上，大別されている．

繊維状タンパク質は，構成ポリペプチド鎖が 1 本の軸に平行に並び，長いシート(繊維)を形成する．これらは安定で，また水に不溶であり，高等動物の結合組織などの構成成分(コラーゲン，ケラチン，エラスチンなど)となっている．

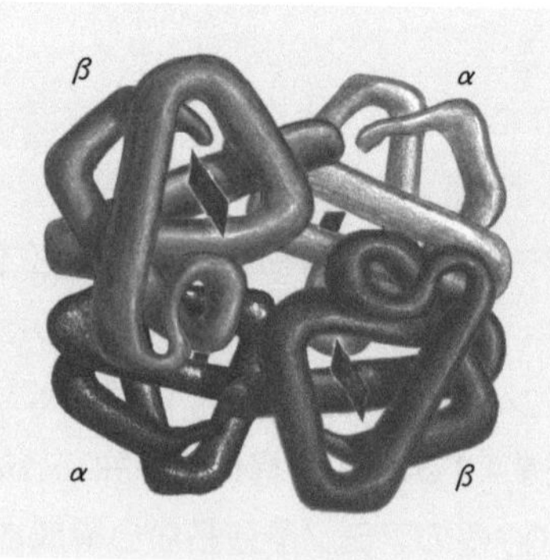

図7.9　タンパク質の四次構造

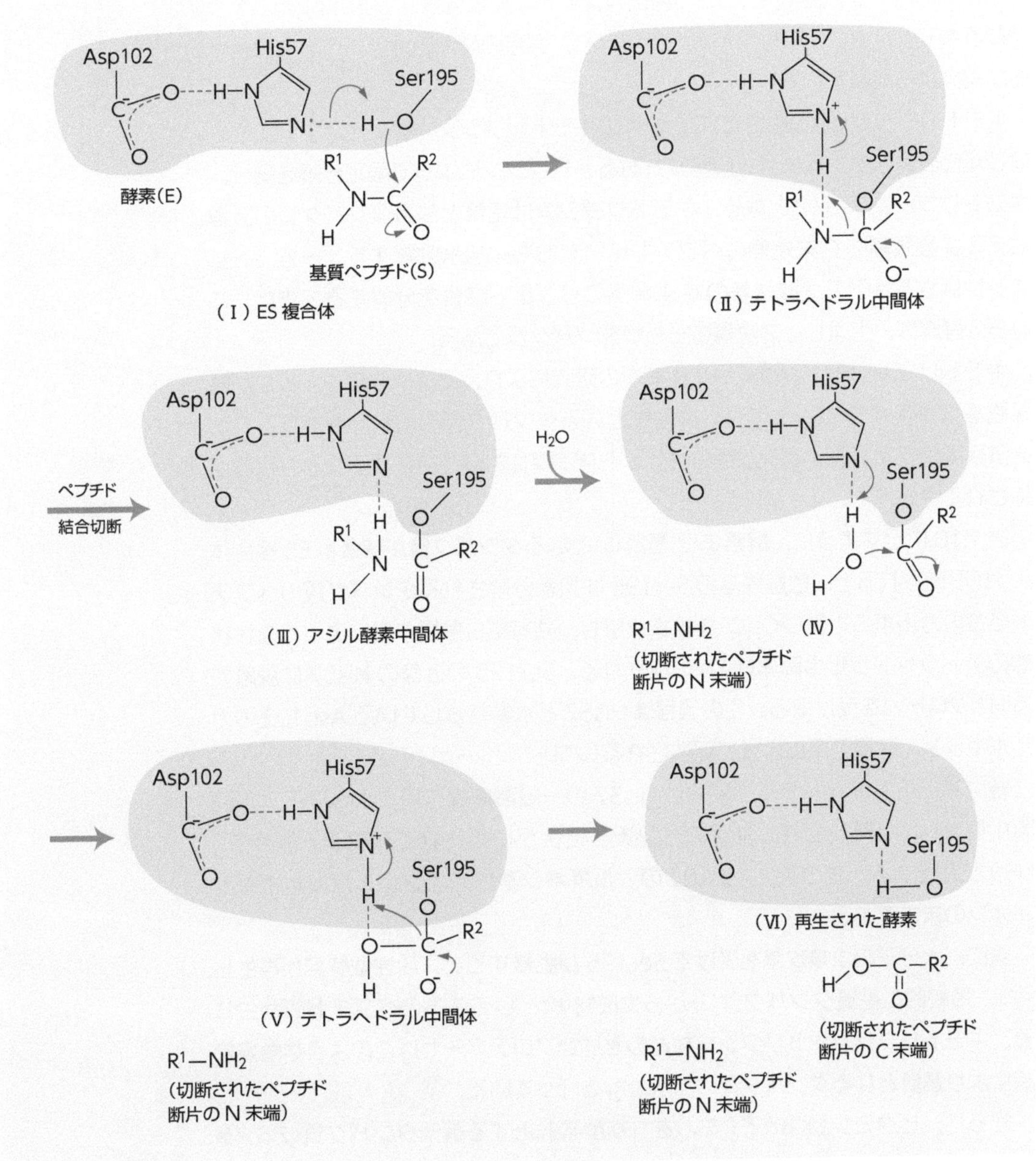

図7.10 トリプシンなどのセリンプロテアーゼによる酵素反応のしくみ

球状タンパク質は，1本のポリペプチド鎖が比較的堅く緻密に折りたたまれた構造をもち，その多くは水に可溶である．

タンパク質は生物体を構成する細胞の原形質の主要成分であり，すなわち体組織の構成成分であるのみならず，抗体タンパク質，輸送タンパク質，膜タンパク質，転写制御タンパク質，酵素タンパク質などさまざまな機能性タンパク質が生体内に存在していて，多種多様な生理活性を示し，生物の生命活動を維持している．

ここでは，タンパク質をアミノ酸やペプチドに加水分解する消化酵素の１つであるキモトリプシンの触媒機構を例にとり，実際の酵素の触媒作用を有機化学的な知見から解説する．

キモトリプシンは膵臓において前駆体のキモトリプシノーゲンとして分泌され，同じく代表的なタンパク質分解酵素であるトリプシンによって限定分解を受け，キモトリプシン(活性型)となる．キモトリプシンは基質となるタンパク質の芳香族アミノ酸残基のＣ末端側のペプチド結合をおもに加水分解する．一方，トリプシンは塩基性アミノ酸残基のＣ末端側のペプチド結合を分解する．また，これらの酵素は，上述した三次構造をもつタンパク質である．

キモトリプシンの一次構造や立体構造の研究により，活性中心のSer195が触媒残基(活性基)であり，その付近に基質となるタンパク質の加水分解されるアミノ酸残基にフィットする疎水性のポケット(結合部位など)が存在することが明らかにされている．

図7.10に示すように，酵素(E)と基質(S)となるタンパク質が結合しES複合体(Ⅰ)が形成されると，触媒残基のSer195は加水分解されるタンパク質のペプチド結合のカルボニル基(>C=O)を求核攻撃し，共有結合触媒作用によって遷移状態のテトラヘドラル中間体(Ⅱ)が形成される．Ser195の近傍のHis57は脱離するH^+(プロトン)を受け取る．この過程はHis57と水素結合しているAsp102のカルボキシ基の静電効果によって促進される(プロトンリレーという)．

続いて，テトラヘドラル中間体はHis57の一般酸触媒作用によってアシル酵素中間体(Ⅲ)が形成され，基質のペプチド結合が切断されてペプチド断片(R^1-NH_2)が遊離する．この際，Asp102のカルボキシ基はイオン化したカルボキシイオンのままである．

次に，水分子の求核攻撃を受けてSer195が脱離すると，活性型酵素が再生し(Ⅵ)，最終的に基質タンパク質(S)から生成物(P)として２本のペプチド鎖が生じる．キモトリプシンやトリプシンなどのセリンプロテアーゼはこのような触媒機構により基質となるタンパク質の加水分解を行っている．

さらに，ビタミン(水溶性ビタミン)を「補酵素」とする酵素タンパク質(アミノ酸アミノ基転移酵素やアルコール脱水素酵素など)の触媒機構の例を，第９章で紹介する．

次の問題に答えなさい.

①α-アミノ酸のうち，α炭素がキラル(不斉)ではないものは，何か.

②α-アミノ酸のカルボキシ基と，もう一方のα-アミノ酸のアミノ基が脱水縮合してできた結合を何というか.

③ヘモグロビンのように，複数のサブユニットから構成されるタンパク質の構造を何というか.

生体構成有機化合物編

8. 脂質

コンラート・ブロッホ(1912～2000)
ドイツ出身の生化学者．アセチルCoAからメバロン酸を経てコレステロールが合成される経路を解明した．1964年にノーベル医学・生理学賞受賞．

8.1 脂質とは

脂質とは，エーテル(R-O-R′)，ベンゼン(C_6H_6)，ヘキサン($CH_3(CH_2)_4CH_3$)，クロロホルム($CHCl_3$)，メタノール(CH_3OH)などの有機溶媒に溶けやすく，水に溶けにくい物質の総称と定義される．この性質は，多くの脂質が極性をもたない長い鎖状あるいは環状の炭化水素により構成されており，双極性分子の溶媒である水にはなじみにくく，疎水性を示すためである．しかしながら，なかにはガングリオシドやスフィンゴミエリンなどのように水に溶ける脂質もある．生体における脂質の大きな役割は，①タンパク質や糖質とならぶエネルギー産生栄養素の1つであり，効率のよいエネルギー源である，②生体膜の主要な構成成分である，③生理活性シグナル分子として機能することである．

脂質は，その構造に基づき単純脂質と複合脂質に大別される(図8.1)．さらに，

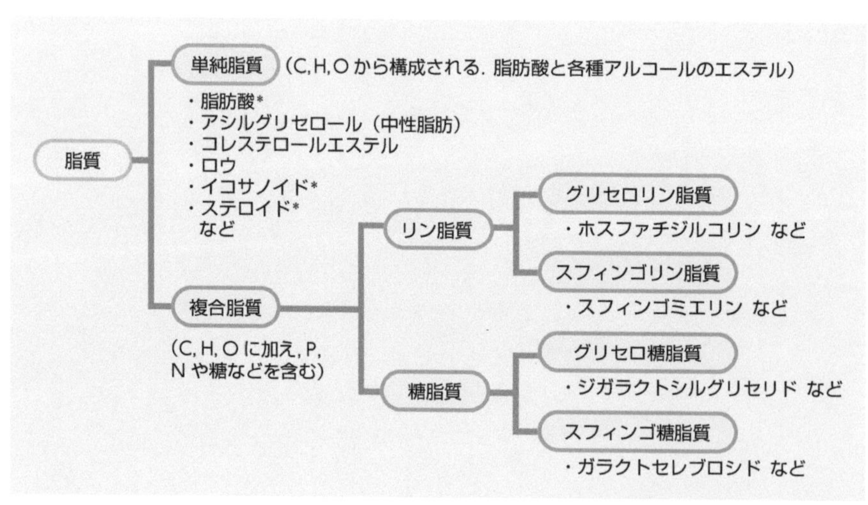

図8.1 脂質の分類
＊ 脂肪酸，イコサノイド，ステロイドについては，本書では単純脂質に分類したが，誘導脂質として別に分類されることもある．

複合脂質はリン脂質と糖脂質に分類される．

8.2 単純脂質

単純脂質は，C，H，O から構成され，脂肪酸（C_nH_mCOOH）および脂肪酸とアルコールがエステル結合した脂質である．

A. 脂肪酸

a. 脂肪酸の基本構造

脂肪酸は，脂質の構成成分として，量的に最も多い脂質である．その構造は，末端にメチル基（$-CH_3$）と中にメチレン基（$-CH_2-$）をもつ炭化水素の長い鎖とカルボキシ基（-COOH）からなる．炭素の数はほとんど偶数であり，細胞に多く含まれるものは炭素数 12 ～ 20 個のものである．脂肪酸の 1 つであり，炭素数 18 個のステアリン酸（$C_{17}H_{35}COOH$）の構造を図 8.2 に示す．ステアリン酸と同じ炭

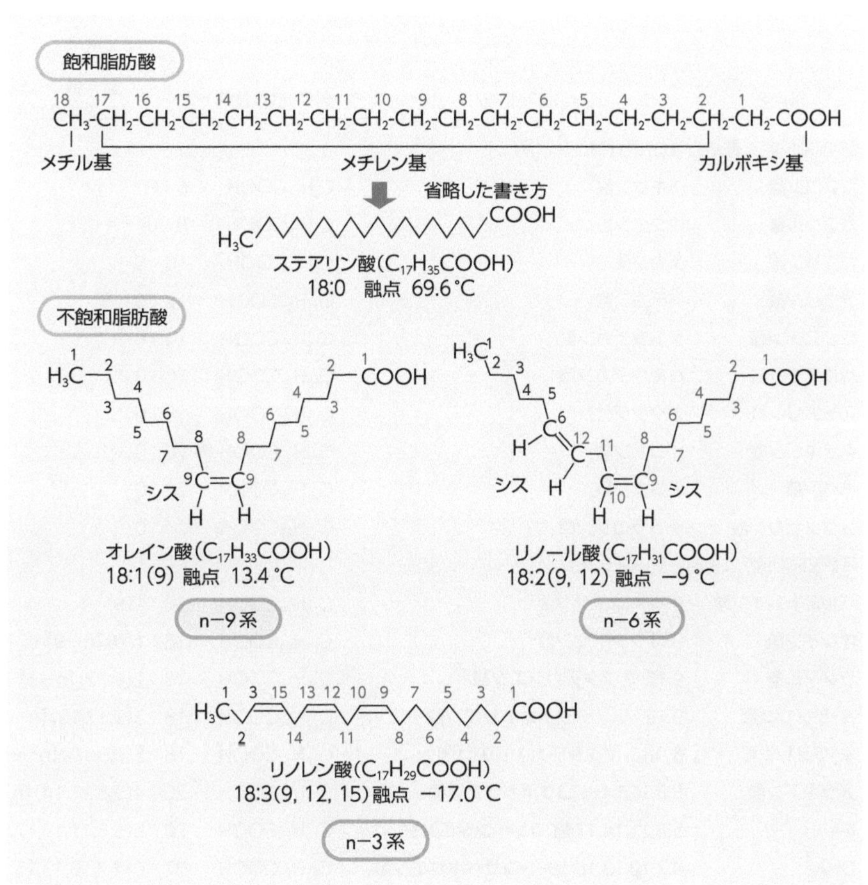

図 8.2 脂肪酸の立体構造
二重結合の炭素番号は COOH 側から数えて化学名とし，CH_3 側から数えて n−3，n−6，n−9 系と分類する．

素数で中に二重結合を１つもつ脂肪酸をオレイン酸（$C_{17}H_{33}COOH$），２つもつ脂肪酸をリノール酸（$C_{17}H_{31}COOH$）という．このように脂肪酸は，分子内に二重結合（-CH=CH-）をもたない飽和脂肪酸と，二重結合をもつ不飽和脂肪酸に分けられる．不飽和脂肪酸のうち，二重結合を１つもつものを一価不飽和脂肪酸，２つ以上もつものを多価不飽和脂肪酸という．炭素の番号は，カルボキシ基の炭素を１番として以下順に数えて示す．また，不飽和脂肪酸ではメチル基から数えて最初の二重結合の位置が３番目のものをn−３系（エヌマイナスサン）（ω3（オメガ）），６番目のものをn−６系（ω6），９番目のものをn−９系（ω9）という．

b. 飽和脂肪酸と不飽和脂肪酸

表 8.1 では，飽和脂肪酸と不飽和脂肪酸の炭素数と二重結合数に加えて，融点が表記されている．飽和脂肪酸では，炭素数が多いほど融点が高くなり，炭素数 10 個のデカン酸（$C_9H_{19}COOH$）以上は常温で固体である．また，融点は二重結合の有無によっても異なり，同じ炭素数であれば不飽和脂肪酸のほうが融点は低い．たとえば，炭素数 18 個のステアリン酸，オレイン酸，リノール酸を比べると，ステアリン酸の融点は 69.6℃で常温では固体である．一方，二重結合を１つもつオレイン酸の融点は 13.3℃で，さらに二重結合を２つもつリノール酸の融点

表8.1 脂肪酸の種類
［資料：日本化学会編，化学便覧基礎編改訂6版，丸善（2021），大木道則編，化学辞典，東京化学同人（1994）］

慣用名	IUPAC 名	分子式（示性式）	炭素数：二重結合数（二重結合の位置）［系］	融点（℃）
飽和脂肪酸（二重結合をもたない）				
カプロン酸	ヘキサン酸	$C_5H_{11}COOH$	6：0	−3.4
カプリル酸	オクタン酸	$C_7H_{15}COOH$	8：0	16.5
カプリン酸	デカン酸	$C_9H_{19}COOH$	10：0	31.3
ラウリン酸	ドデカン酸	$C_{11}H_{23}COOH$	12：0	44.8
ミリスチン酸	テトラデカン酸	$C_{13}H_{27}COOH$	14：0	54.1
パルミチン酸	ヘキサデカン酸	$C_{15}H_{31}COOH$	16：0	62.7
ステアリン酸	オクタデカン酸	$C_{17}H_{35}COOH$	18：0	70.5
アラキジン酸	イコサン酸	$C_{19}H_{39}COOH$	20：0	75.5
ベヘン酸	ドコサン酸	$C_{21}H_{43}COOH$	22：0	81.0
リグノセリン酸	テトラコサン酸	$C_{23}H_{47}COOH$	24：0	84.2
不飽和脂肪酸（二重結合はみなシス）				
パルミトレイン酸	9-ヘキサデセン酸	$C_{15}H_{29}COOH$	16：1(9)	−0.1
オレイン酸	9-オクタデセン酸	$C_{17}H_{33}COOH$	18：1(9)［n−9］	13.3
リノール酸	9,12-オクタデカジエン酸	$C_{17}H_{31}COOH$	18：2(9,12)［n−6］	−5.2
α-リノレン酸	9,12,15-オクタデカトリエン酸	$C_{17}H_{29}COOH$	18：3(9,12,15)［n−3］	−11.3
γ-リノレン酸	6,9,12-オクタデカトリエン酸	$C_{17}H_{29}COOH$	18：3(6,9,12)［n−6］	
アラキドン酸	5,8,11,14-イコサテトラエン酸	$C_{19}H_{31}COOH$	20：4(5,8,11,14)［n−6］	−49.1
IPA	5,8,11,14,17-イコサペンタエン酸	$C_{19}H_{29}COOH$	20：5(5,8,11,14,17)［n−3］	−54.4
DHA	4,7,10,13,16,19-ドコサヘキサエン酸	$C_{21}H_{31}COOH$	22：6(4,7,10,13,16,19)［n−3］	−47.4

は−5.2℃であり，常温では液体である．脂質は形状の違いにより油と脂肪に区別され，合わせて油脂というが，油(オイル，oil)は常温で液体のもの，脂肪(ファット，fat)は常温で固体のものをさす．これらの違いは，それぞれを構成する脂肪酸の違いに由来することがわかる．高等動植物に最も多い脂肪酸は炭素数16のパルミチン酸および炭素数18のオレイン酸，リノール酸，ステアリン酸である．また，動植物脂質中の脂肪酸の半分以上は不飽和脂肪酸で，二重結合が2つ以上のものが多い．

脂質分子中の不飽和結合の指標としてヨウ素価が用いられる．これは，油脂100 g中の二重結合に付加されるヨウ素のグラム数を示したもので，値が大きいほど不飽和度が高いということである．動物生体内では，リノール酸やα-リノレン酸などの不飽和脂肪酸を合成することができない．したがって，リノール酸やα-リノレン酸($C_{17}H_{29}COOH$)はヒトの栄養素として必須の脂肪酸であり，食物から摂取しなければならない．多価不飽和脂肪酸のγ-リノレン酸やアラキドン酸はリノール酸から，イコサペンタエン酸やドコサヘキサエン酸はα-リノレン酸からそれぞれ代謝される(図8.3)．

二重結合の同じ側に2つの水素があるものをシス形といい，2つの水素が反対側にあるものをトランス形という．天然の不飽和脂肪酸では，ほとんどがシス形である．天然のトランス形の脂肪酸はごくわずかであり，バクセン酸($C_{18}H_{34}O_2$)などがあげられるが，人工的に合成された脂肪酸を含有する食品，たとえばマーガリン，ファットスプレッド，ショートニングなどにはその製造過程で生成され

図8.3 n−3系とn−6系の脂肪酸の代謝

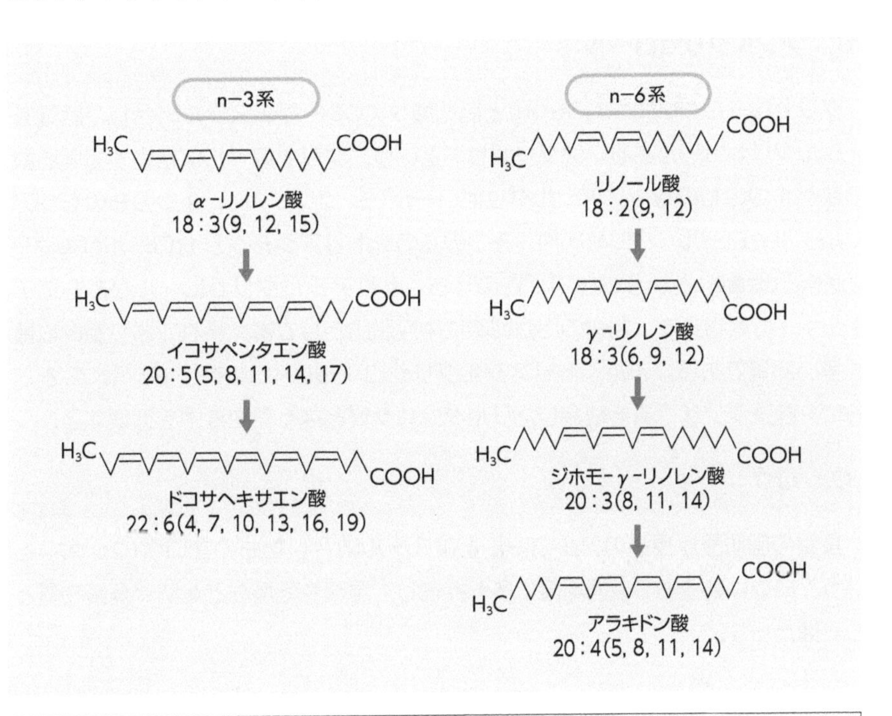

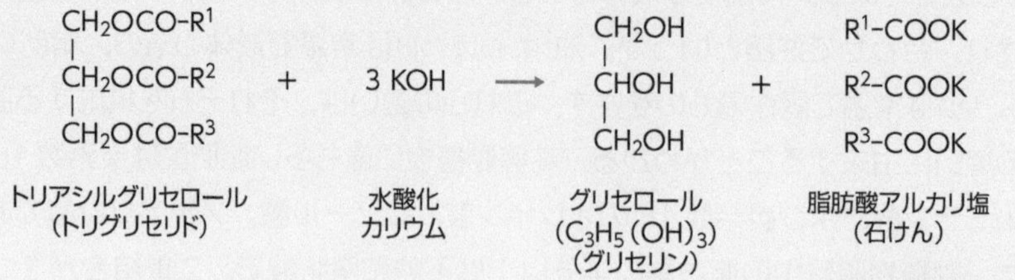

$$
\begin{array}{l} CH_2OCO\text{-}R^1 \\ | \\ CH_2OCO\text{-}R^2 \\ | \\ CH_2OCO\text{-}R^3 \end{array} + 3\ KOH \longrightarrow \begin{array}{l} CH_2OH \\ | \\ CHOH \\ | \\ CH_2OH \end{array} + \begin{array}{l} R^1\text{-}COOK \\ R^2\text{-}COOK \\ R^3\text{-}COOK \end{array}
$$

トリアシルグリセロール（トリグリセリド）　水酸化カリウム　グリセロール（$C_3H_5(OH)_3$）（グリセリン）　脂肪酸アルカリ塩（石けん）

図8.4 けん化
R：アルキル基

るトランス形の脂肪酸が含まれる.

c. けん化

けん化とは，油脂を水酸化カリウム（KOH）や水酸化ナトリウム（NaOH）でアルカリ加水分解することであり，これによって脂肪酸のアルカリ塩ができる．この反応は図 8.4 に示すとおりであり，生成されるアルカリ塩を石けんという．材料となる油脂 1 g を加水分解するのに必要な水酸化カリウムの mg 数をけん化価といい，その値は油脂に含まれる脂肪酸鎖の平均長に反比例する．たとえば，ココナッツ油やバターは平均鎖長が短いので，けん化価は 220〜260 であり，その他の一般油脂のけん化価は 185〜200 である．このように，けん化によって生成された石けん分子は長い炭化水素鎖の脂溶性部分とイオン性の水溶性部分をあわせもつ．石けんの洗浄作用はこの構造によるものである．すなわち，洗浄の際に汚れの部分の油滴を石けんの脂溶性部分に溶かし，水溶性部分を水と結合させて容易に汚れを取り除くことができるのである.

B. アシルグリセロール

グリセロール（アルコール，R-OH）と脂肪酸（R-COOH）がエステル結合した脂質をアシルグリセロールあるいはグリセリドという．グリセロールに結合する脂肪酸の数が 1 つのものをモノアシルグリセロール（モノグリセリド），2 つのものをジアシルグリセロール（ジグリセリド），3 つのものをトリアシルグリセロール（トリグリセリド，中性脂肪）という（図 8.5）．このうち，トリアシルグリセロールがおもにエネルギー貯蔵物質で，動物の脂肪細胞に中性脂肪として蓄えられており量的に最も多い脂質である．また，トリアシルグリセロールは（E. ステロイドの項参照）とともに，輸送タンパク質と結合したリポタンパク質となって血液中を循環する.

C. ロウ

長鎖の脂肪酸が長鎖のアルコールとエステル結合したものをロウ（ワックス）という．ロウは動植物の表面組織に多く存在し，湿潤や乾燥などを防ぐ保護物質としてはたらく.

図8.5 アシルグリセロール(グリセリド)

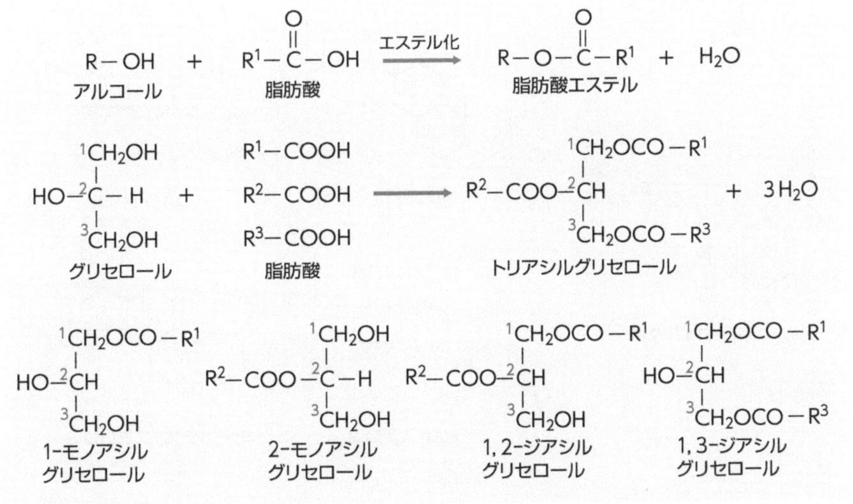

$$R-OH + R^1-\overset{O}{\overset{\|}{C}}-OH \xrightarrow{\text{エステル化}} R-O-\overset{O}{\overset{\|}{C}}-R^1 + H_2O$$

アルコール　脂肪酸　脂肪酸エステル

$$HO-{}^2CH({}^1CH_2OH)({}^3CH_2OH) + R^1-COOH,\ R^2-COOH,\ R^3-COOH \longrightarrow R^2-COO-{}^2CH({}^1CH_2OCO-R^1)({}^3CH_2OCO-R^3) + 3H_2O$$

グリセロール　脂肪酸　トリアシルグリセロール

1-モノアシルグリセロール：${}^1CH_2OCO-R^1$, $HO-{}^2CH$, ${}^3CH_2OH$

2-モノアシルグリセロール：${}^1CH_2OH$, $R^2-COO-{}^2C-H$, ${}^3CH_2OH$

1, 2-ジアシルグリセロール：${}^1CH_2OCO-R^1$, $R^2-COO-{}^2CH$, ${}^3CH_2OH$

1, 3-ジアシルグリセロール：${}^1CH_2OCO-R^1$, $HO-{}^2CH$, ${}^3CH_2OCO-R^3$

D. イコサノイド(エイコサノイド)

炭素数 20 個の脂肪酸に由来する不飽和脂肪酸のアラキドン酸，ビスホモ-γ-リノレン酸，イコサペンタエン酸から生成される種々の生理活性物質を総称してイコサノイド(エイコサノイド)という．代表的なものに，プロスタグランジン(PG)，トロンボキサン(TX)，ロイコトリエン(LT)がある(図 8.6)．

図8.6 イコサイドの構造

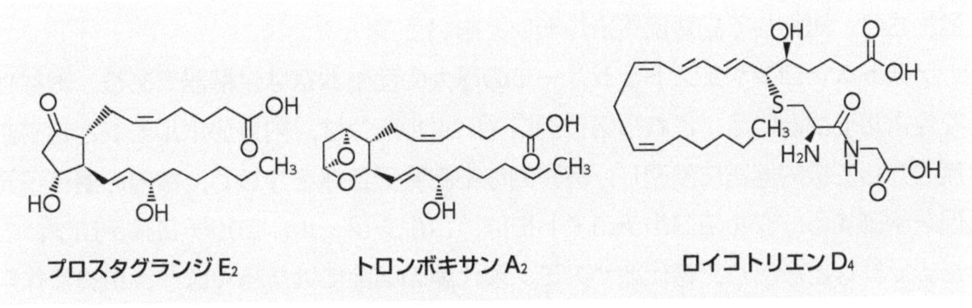

E. ステロイド

1 つの五員環と 3 つの六員環をもつステロイド骨格(シクロペンタノペルヒドロフェナントレン環，$C_{17}H_{28}$)を基本構造とする一連の化合物の総称である．ステロイド核の C-3 位にヒドロキシ基(-OH)，C-17 位に側鎖(R)をもつ炭素数 27〜30 のものをステロールという．動物組織に最も多く存在するステロールはコレステロールであり，血清中のコレステロールの大部分(約 80%)はヒドロキシ基に長鎖脂肪酸がエステル結合したコレステロールエステルとして存在する．

生体内において，コレステロール(炭素数 27)は細胞膜成分として重要なほか，

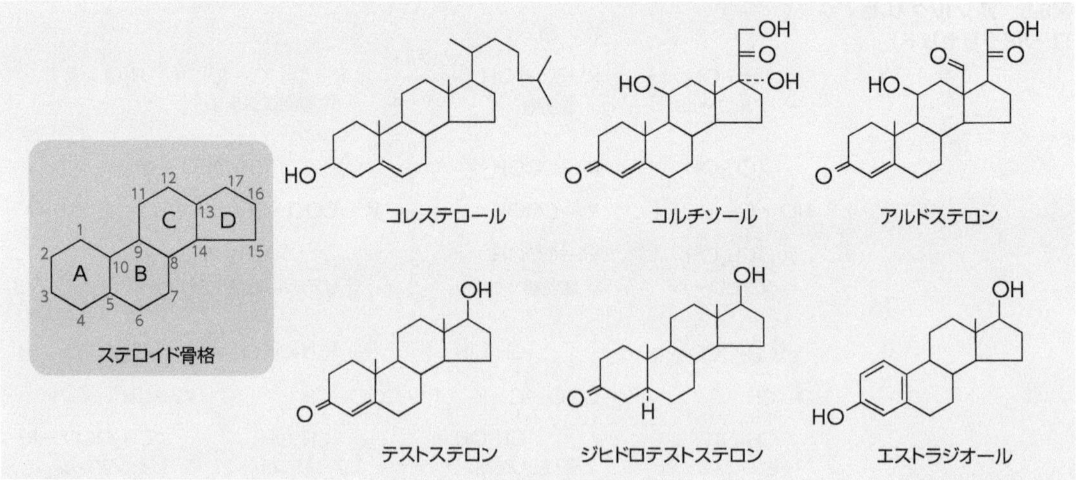

図8.7　コレステロール誘導体

種々のステロイドホルモンやビタミン D_3，胆汁酸の前駆体となる．コレステロールは食事からの摂取と，肝臓におけるアセチル CoA からの合成ならびに，胆汁酸としての排泄によって生体内でのバランスが調節されている．生体内において，コレステロールより生合成される種々のステロイドホルモン(炭素数 18～21 個)にはグルココルチコイド(糖質コルチコイド)であるコルチゾール，ミネラルコルチコイド(鉱質コルチコイド)であるアルドステロン，男性ホルモン(アンドロゲン)であるテストステロン，卵胞ホルモン(エストロゲン)であるエストラジオールなどがある．グルココルチコイドやミネラルコルチコイドは主として副腎皮質において産生され，総称して副腎皮質ホルモンともいう(図 8.7)．

テストステロンやエストラジオールの最大の産生器官は生殖器であり，総称して性ホルモンという．これらのステロイドホルモンは，内分泌ホルモンとして血流を介して標的器官に到達し，特異的な細胞質受容体を介して，核内の遺伝子発現を制御する．グルココルチコイドには，コルチゾール，コルチコステロン，コルチゾンなどがあり，糖代謝やアミノ酸代謝の調節にはたらくほか，抗炎症作用をもち，その化学合成物質は広く臨床応用されている．ミネラルコルチコイドの代表はアルドステロンであり，ミネラル代謝に関与し，腎臓の尿細管におけるナトリウムイオン Na^+ 再吸収とカリウムイオン K^+ 排泄を促進させる．テストステロンやジヒドロテストステロンは，思春期における男性の二次性徴の発達，精子形成，筋肉の発達などにはたらくほか，ヒトの脳の雄性化にも重要である．プロゲステロンは，妊娠の維持や排卵抑制などにはたらき，エストロゲンは女性の二次性徴の発達に役割をもつ．

8.3 複合脂質

複合脂質は，アルコール(R-OH)と脂肪酸(R-COOH)のエステルに加えて，その分子内にリン(P)，窒素(N)，糖などを含む．1つの分子内に疎水性の炭化水素と親水性の極性基の両方をあわせもつため，両親媒性脂質ともいい，生体膜の構成成分である．複合脂質はリン脂質と糖脂質に大別されるが，さらに前者はグリセロリン脂質とスフィンゴリン脂質，後者はグリセロ糖脂質とスフィンゴ糖脂質に分類される．

A. グリセロリン脂質

グリセロールの1位，2位のヒドロキシ基(-OH)に脂肪酸がエステル結合(-OCO-)し，3位にリン酸(H_3PO_4)がエステル結合したものをホスファチジン酸といい，グリセロリン脂質の基本骨格である(図8.8)．このように，グリセロリン脂質は，分子中に疎水性の脂肪酸基の部分と親水性のリン酸化合物の部分をもっており，水溶液中で安定な二重層を形成するため，生体膜の主要な構成成分となって，細胞膜構造の骨格となり機能維持に役だつ．ホスファチジン酸の誘導体のうち，リン酸にコリン($HO\text{-}CH_2\text{-}CH_2\text{-}\overset{+}{N}(CH_3)_3$)がついたものをホスファチジルコリン(レシチン)といい，生体内で最も多いグリセロリン脂質である．その他，ホスファチジルイノシトール(PI)は細胞内情報伝達物質の材料として重要なはたらきをもち，ホスファチジルセリンは動物細胞の細胞膜の内側に存在し，血液凝固反応の補助因子としてはたらく．

B. スフィンゴリン脂質

炭素数18個のアミノアルコールであるスフィンゴシン($C_{18}H_{37}NO_2$)の誘導体をスフィンゴ脂質といい，スフィンゴシンのアミノ基に脂肪酸がアミド結合したセラミドを基本骨格とする(図8.9)．セラミドの末端のヒドロキシ基にリン酸が結合したものをスフィンゴリン脂質という．代表的なものとして，リン酸基にコリ

図8.8 グリセロリン脂質

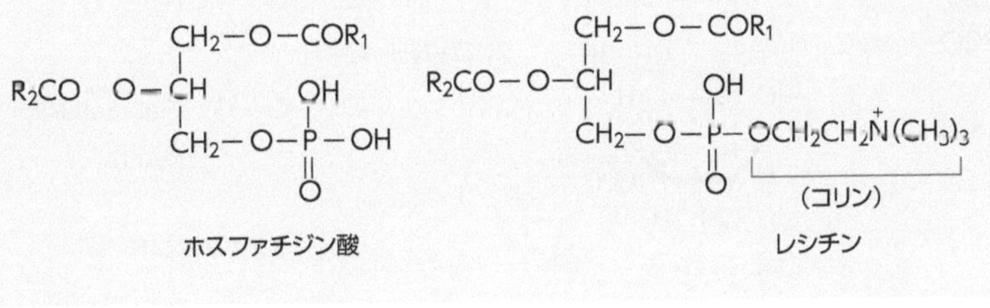

ホスファチジン酸: $CH_2\text{-}O\text{-}COR_1$ / $R_2CO\ O\text{-}CH$ / $CH_2\text{-}O\text{-}P(=O)(OH)\text{-}OH$

レシチン: $CH_2\text{-}O\text{-}COR_1$ / $R_2CO\text{-}O\text{-}CH$ / $CH_2\text{-}O\text{-}P(=O)(OH)\text{-}OCH_2CH_2\overset{+}{N}(CH_3)_3$ (コリン)

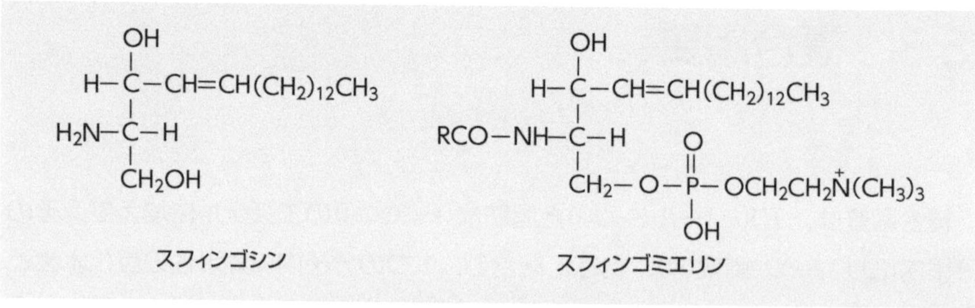

OH
H－C－CH=CH(CH₂)₁₂CH₃
H_2N－C－H
CH_2OH

スフィンゴシン

OH
H－C－CH=CH$(CH_2)_{12}CH_3$
RCO－NH－C－H
CH_2－O－P(=O)(OH)－$OCH_2CH_2\overset{+}{N}(CH_3)_3$

スフィンゴミエリン

図8.9　スフィンゴリン脂質

ンがエステル結合したスフィンゴミエリンがある．スフィンゴミエリンは脳神経組織に多く存在し，軸索を包むミエリン鞘の主要成分である．

C.　グリセロ糖脂質

糖を構成成分として含む脂質を糖脂質というが，このうちグリセロールの誘導体であるものをグリセロ糖脂質という．細菌や植物に多く存在し，ガラクトースを構成糖とするジガラクトシルグリセリドがある．

D.　スフィンゴ糖脂質

スフィンゴシンに脂肪酸が結合したセラミド末端のヒドロキシ基に 1 個ないし数個の糖鎖がついたものをスフィンゴ糖脂質という(図 8.10)．動物の糖脂質はスフィンゴ糖脂質がほとんどである．六炭糖がついたものをセラミドヘキソシドといい，六炭糖が 1 つのセラミドモノヘキソシドをセレブロシドという．セレ

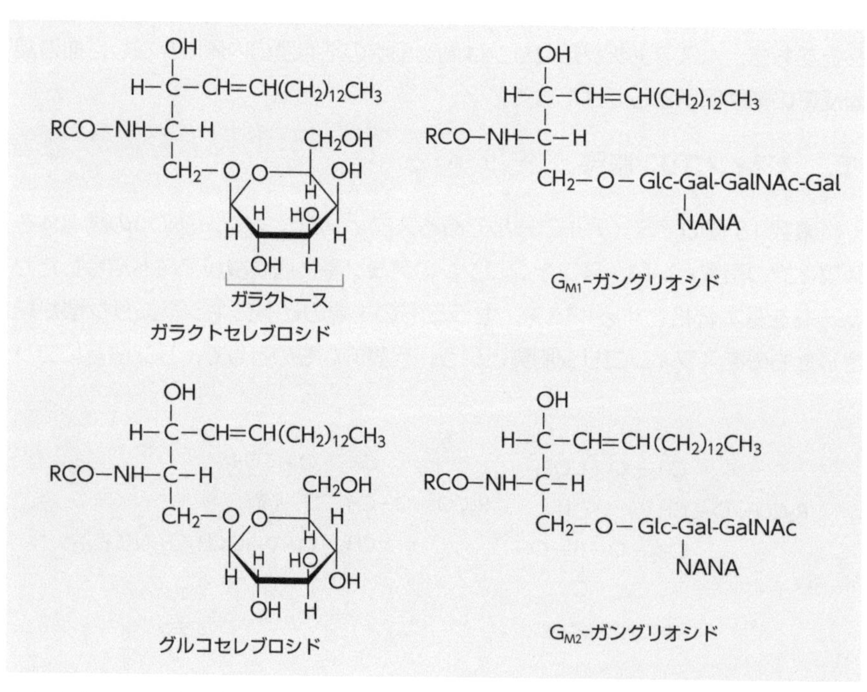

図8.10　スフィンゴ糖脂質
Glc：グルコース
Gal：ガラクトース
GalNAc：*N*-アセチルガラクトサミン
NANA：*N*-アセチルノイラミン酸(シアル酸)

ブロシドの含有糖がグルコースのものをグルコセレブロシド，ガラクトースのものをガラクトセレブロシドという．生体内ではガラクトセレブロシドが多く存在し，特に脳白質に多い．セラミドにシアル酸を含む六炭糖が次々と結合したものをガングリオシドといい，結合する糖鎖の長さの異なるものが存在する．ガングリオシドは主として細胞表面に存在し，神経機能に関与したり，細胞間の相互識別，情報伝達などにはたらく．血液の ABO 型は赤血球の表面にあるスフィンゴ糖脂質の糖鎖の配列によって決まる．

次の問題に答えなさい.

①α-リノレン酸，IPA，DHA などはメチル基から数えて最初の二重結合の位置が何番目にある不飽和脂肪酸か.

②グリセロールに結合する脂肪酸が 3 つのものを何というか.

③ホスファチジン酸誘導体のうち，リン酸にコリンがついた，生体内で最も多いグリセロリン脂質は何か.

生体構成有機化合物編

9. ビタミン

鈴木梅太郎（1874 ～ 1943）
静岡県出身の農芸化学者．米糠中に脚気を治す成分を発見し，それがビタミン B_1 であることを解明した．［出典：国立国会図書館「近代日本人の肖像」(https://www.ndl.go.jp/portrait/)］

ビタミンとは生物にとって，それ自体を合成することはできないが，正常な生育に必要な微量有機化合物と定義される．一般には哺乳類，特にヒトを対象とする微量必須栄養素をさす．特にヒトに対しては食事摂取基準が定められている．各ビタミン固有の欠乏症状を呈することがあるが，通常では欠乏症の起こりにくいビタミン（たとえば，ビタミン B_6 やビオチン）もある．生体内で，ナイアシンはトリプトファンから，また，ビタミンDは7-デヒドロコレステロールからそれぞれ合成される．またビタミン B_6，ビオチン，葉酸，ビタミン B_{12} やビタミンKなどはヒト体内では常在腸内細菌により合成される．

ビタミンは**水溶性ビタミン**と**脂溶性ビタミン**に大別される．水溶性ビタミンと

表9.1 水溶性ビタミンと脂溶性ビタミン
ThPP：thiamine diphosphate．チアミンピロリン酸（TPP）ともいう．
FMN：flavin mononucleotide
PLP：pyridoxal phosphate
PMP：pyridoxamine 5′-phosphate

	慣用名（化合物名）	補酵素型，活性型（略号）	関与する代表的な反応，機能
水溶性	ビタミン B_1（チアミン）	チアミンニリン酸（ThPP）	ホルミル基の転移反応
	ビタミン B_2（リボフラビン）	フラビンモノヌクレオチド（FMN） フラビンアデニンジヌクレオチド（FAD）	酸化還元反応 酸化還元反応
	ビタミン B_6 （ピリドキシン，ピリドキサール，ピリドキサミン）	ピリドキサール5′-リン酸（PLP）（ピリドキサミン5′-リン酸（PMP））	アミノ酸のアミノ基転移反応，脱炭酸反応，ラセミ化反応，脱水反応，α，γ（または β）脱離反応
	ナイアシン （ニコチン酸，ニコチンアミド）	ニコチン（酸）アミドアデニンジヌクレオチド（NAD） ニコチン（酸）アミドアデニンジヌクレオチドリン酸（NADP）	酸化還元反応 酸化還元反応
	パントテン酸（パントテン酸）	コエンザイムA（CoA）	アシル基転移反応
	ビオチン（ビオチン）		カルボキシ化反応
	葉酸（プテロイルグルタミン酸）	テトラヒドロ葉酸	メチル基転移反応
	ビタミン B_{12}（コバラミン）	メチルコバラミン デオキシアデノシルコバラミン	メチル基転移反応 異性化反応
	ビタミンC（アスコルビン酸）		ヒドロキシ化の補助，抗酸化作用
脂溶性	ビタミンA（レチノール）	11-シスレチナール	視サイクル
	ビタミンD（カルシフェロール）	1,25-ジヒドロキシコレカルシフェロール	カルシウムとリン酸の代謝
	ビタミンE（トコフェロール）		抗酸化作用，抗不妊作用
	ビタミンK（フィロキノン，メナキノン）		プロトロンビンの生合成

図9.1 水溶性ビタミンの構造

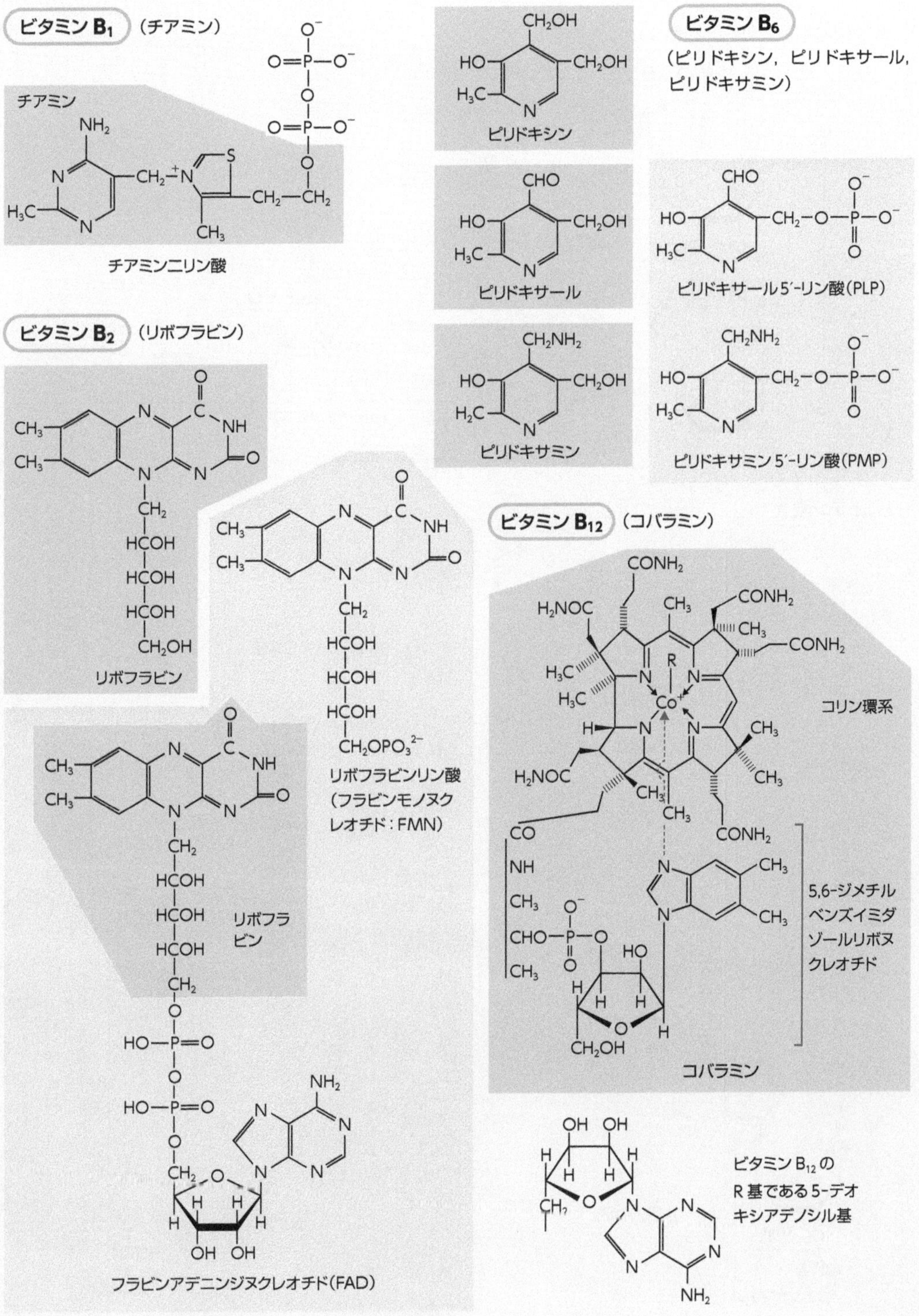

ビタミン B_1（チアミン）

チアミン

チアミン二リン酸

ビタミン B_2（リボフラビン）

リボフラビン

リボフラビンリン酸（フラビンモノヌクレオチド：FMN）

リボフラビン

フラビンアデニンジヌクレオチド（FAD）

ビタミン B_6（ピリドキシン，ピリドキサール，ピリドキサミン）

ピリドキシン

ピリドキサール

ピリドキサール 5′-リン酸（PLP）

ピリドキサミン

ピリドキサミン 5′-リン酸（PMP）

ビタミン B_{12}（コバラミン）

コリン環系

5,6-ジメチルベンズイミダゾールリボヌクレオチド

コバラミン

ビタミン B_{12} のR基である5-デオキシアデノシル基

（つづく）

図9.1（つづき）

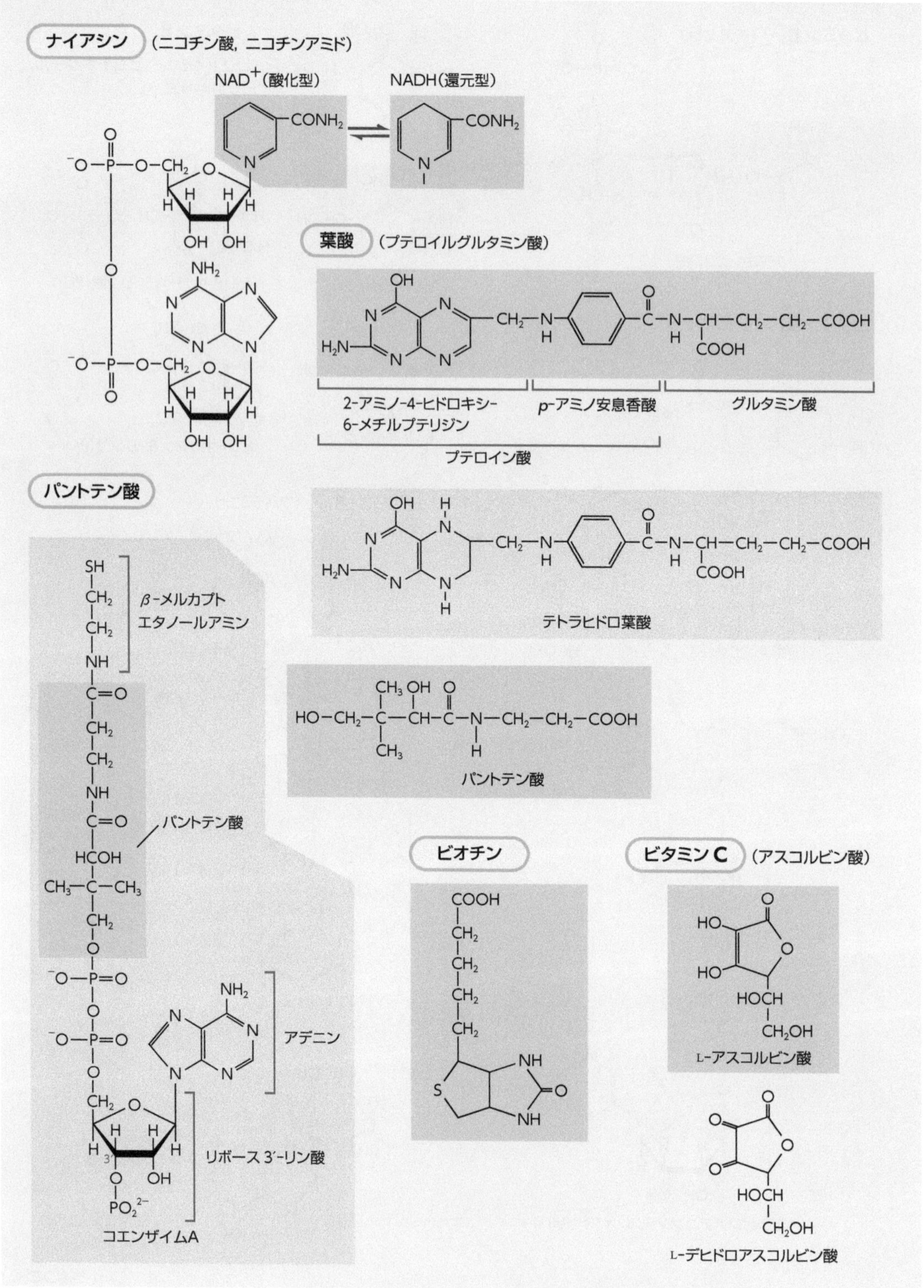

ナイアシン（ニコチン酸，ニコチンアミド）

NAD+（酸化型）　NADH（還元型）

葉酸（プテロイルグルタミン酸）

2-アミノ-4-ヒドロキシ-6-メチルプテリジン　p-アミノ安息香酸　グルタミン酸

プテロイン酸

テトラヒドロ葉酸

パントテン酸

β-メルカプトエタノールアミン

パントテン酸

アデニン

リボース 3′-リン酸

コエンザイムA

パントテン酸

ビオチン

ビタミンC（アスコルビン酸）

L-アスコルビン酸

L-デヒドロアスコルビン酸

図9.2　脂溶性ビタミンの構造

ビタミンA（レチノール）

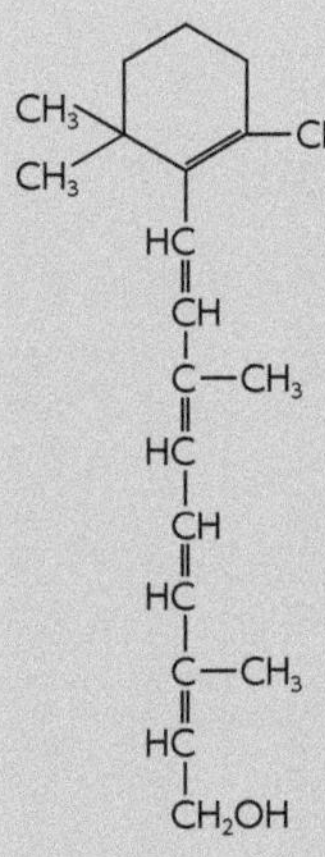

レチノール

ビタミンD（カルシフェロール）

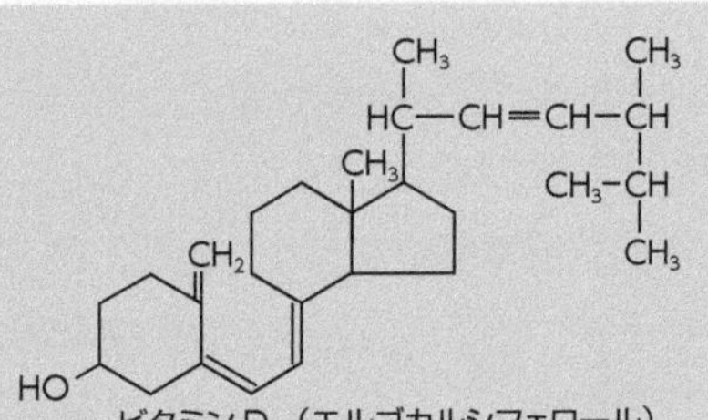

ビタミン D_2（エルゴカルシフェロール）

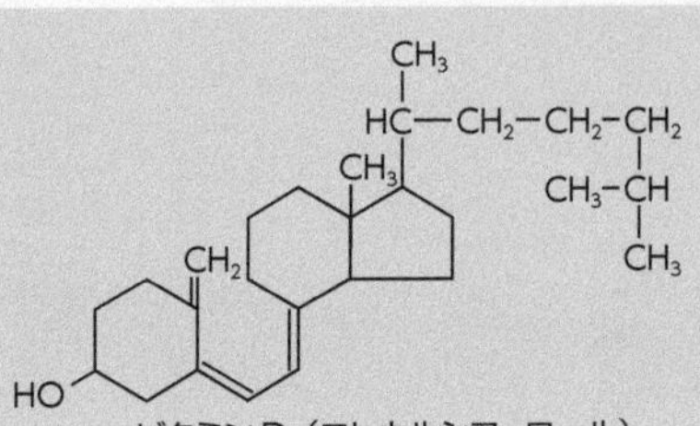

ビタミン D_3（コレカルシフェロール）

ビタミンE（トコフェロール）

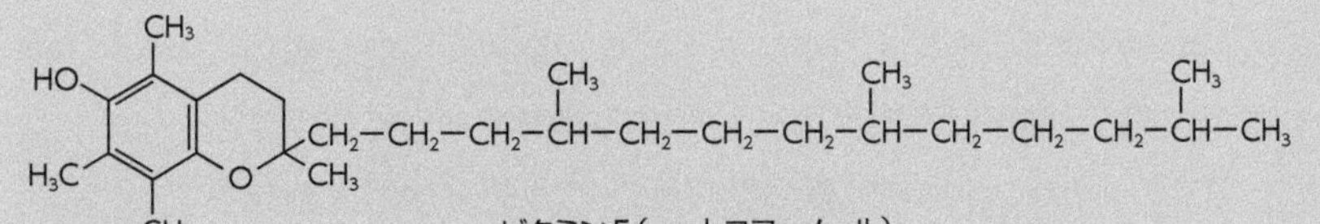

ビタミンE（α-トコフェノール）

ビタミンK（フィロキノン，メナキノン，メナジオン）

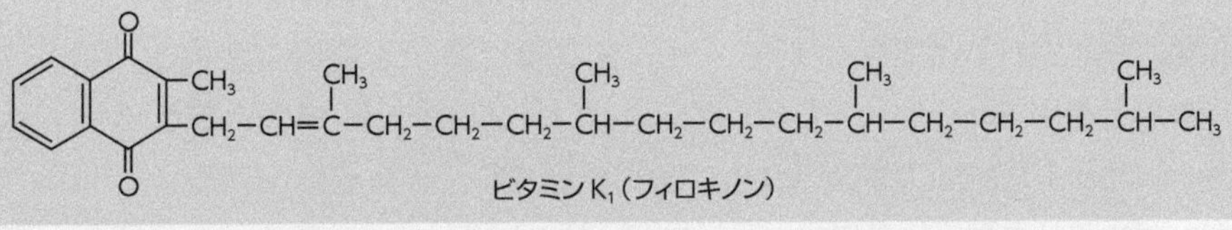

ビタミン K_1（フィロキノン）

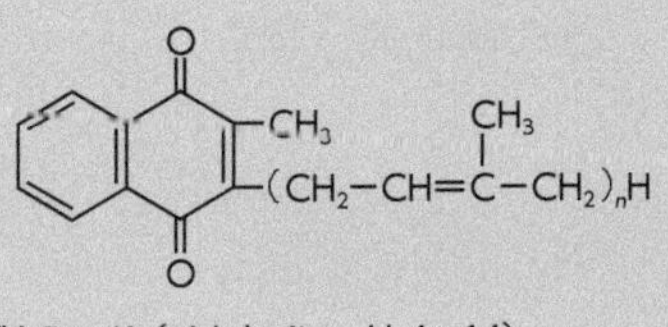

ビタミン K_2（メナキノン，n は4～14）

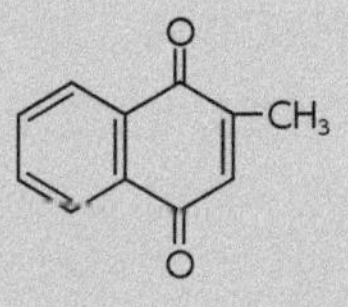

ビタミン K_3（メナジオン）

して，B群ビタミン（ビタミンB_1，B_2，B_6，ナイアシン，パントテン酸，ビオチン，葉酸，ビタミンB_{12}）とビタミンCが，また脂溶性ビタミンとして，ビタミンA，D，E，Kがあり，それぞれ多様な役割を担っている．B群ビタミンは生体内で代謝され，さまざまな酵素の活性発現に必要な補酵素（コエンザイム）として機能する．B群ビタミンの欠乏は補酵素の欠乏を引き起こして，これらを要求する各酵素の活性の低下，ひいては代謝能の減少をもたらす．表9.1に各ビタミンとその補酵素型の名称および代表的な酵素反応を示す．また，図9.1，図9.2に代表的な各ビタミンの化学構造を示す．以下に各ビタミンの生体内でのおもな生理作用などを述べるが，ビタミンの名称は慣用名であり，化合物名を併記している．

9.1 水溶性ビタミン

A. ビタミンB_1（チアミン，$C_{12}H_{17}N_4OS$）

ビタミンB_1は，2つの複素環（ピリミジン環とチアゾール環）をもち，それらが4位窒素原子により結合し，つねに荷電した状態にある．遊離状態では不安定で，塩酸塩（塩酸チアミン）と硝酸塩（硝酸チアミン）が日本薬局方に収載されている．いずれも白色結晶または結晶性粉末である．高等動物では必須の抗脚気（かっけ）因子である．生体内でチアミンピロホスホキナーゼによりチアミン二リン酸（ThPP）に転換され，トランスケトラーゼ，ピルビン酸デヒドロゲナーゼなどの補酵素として作用する．つまり糖質代謝において，ホルミル（-CHO）基の転移反応での運搬体の役割を果たし，抗神経炎作用を示す．

B. ビタミンB_2（リボフラビン，$C_{17}H_{20}N_4O_6$）

ビタミンB_2は黄褐色の結晶で，水にわずかに溶け，光により分解する．還元状態では無色，酸化されると黄色となる．ヒトに対するビタミンB_2の欠乏は口角炎，白内障などを引き起こす．フラビンアデニンジヌクレオチド（FAD），フラビンモノヌクレオチド（FMN，リボフラビンリン酸）に代謝され，それぞれD-アミノ酸オキシダーゼやコハク酸デヒドロゲナーゼなど，およびグリコール酸オキシダーゼなどの補酵素として作用し，ピルビン酸，脂肪酸，アミノ酸の酸化的分解や電子伝達系において重要な機能を果たす．

C. ビタミンB_6（ピリドキシン：$C_8H_{11}NO_3$，ピリドキサール：$C_8H_9NO_3$，ピリドキサミン：$C_8H_{12}N_2O_2$）

ピリドキシンは白色の結晶で，水，アルコールに溶けるが，他の有機溶媒には

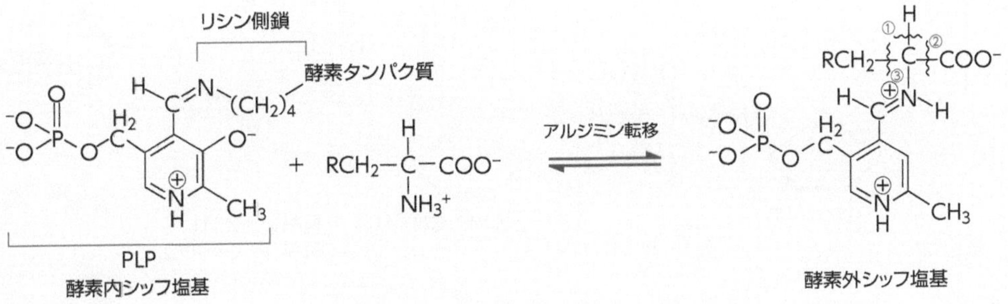

図 9.3 ピリドキサール 5′-リン酸(PLP)の化学構造とアミノ酸基質との酵素外シッフ塩基形成反応

不溶である．光により徐々に変化する．ピリドキサール，ピリドキサミンとともにビタミン B_6 と総称される．

ヒトでは腸内細菌によって生合成されるので，ビタミン B_6 の欠乏症は起こりにくい．生体内では補酵素ピリドキサール 5′-リン酸(PLP)あるいはピリドキサミン 5′-リン酸(PMP)に代謝され，PLP はすべての B_6 酵素(アミノ酸代謝関連酵素など)の補酵素として作用する．PMP は PLP とともにアミノトランスフェラーゼなどの補酵素となる．アスパラギン酸アミノトランスフェラーゼやアラニンラセマーゼなどの PLP 酵素は，基質アミノ酸を補酵素 PLP とのシッフ塩基の形成により活性化して，アミノ酸を基質とするさまざまな反応を触媒し，アミノ酸代謝において中心的な役割を果たす．すなわち，PLP を補酵素とするピリドキサール酵素では，基質特異性も反応特異性もアポ酵素*側によって決まる．通常，PLP はその反応部位である 4 位ホルミル(-CHO)基が酵素タンパク質中の特定のリシン残基とアルジミン結合(分子内シッフ塩基)を形成して酵素に共有結合している．反応の第 1 段階は，アミノ酸などのアミノ基をもつ基質がアルジミン転移反応により PLP と酵素外シッフ塩基を形成することにより開始される． この酵素外シッフ塩基のイミノ窒素のプロトン化と共役二重結合系により，基質の α 位炭素電子密度が低下して周囲の σ 結合は開裂しやすくなる．図 9.3 に示すように，以降の反応の方向性は，①〜③のどの結合が切断されるかによって決定する．たとえば，①で α 位水素がプロトンとして引き抜かれれば，ラセミ化，アミノ基転移反応，α，β 脱離反応，γ 脱離反応などが進行する．一方，②で切断されると脱炭酸反応が，③で切断されるとアルドラーゼ反応が進行する．なお，アミノ基転移反応においては PMP も補酵素として機能する．また，PLP はリソソームに局在するプロテアーゼ(カテプシン)の特異的阻害や遺伝子の発現制御などにも関与している．

* アポ酵素とは通常は酵素として活性を示さないが，補酵素や金属原子などと結合したとき活性を示す酵素の総称である．

D. ナイアシン(ニコチン酸($C_6H_5NO_2$)，ニコチンアミド($C_6H_6N_2O$))

ナイアシンはビタミンとしての生理活性を表す用語で，ニコチン酸と同じ生理

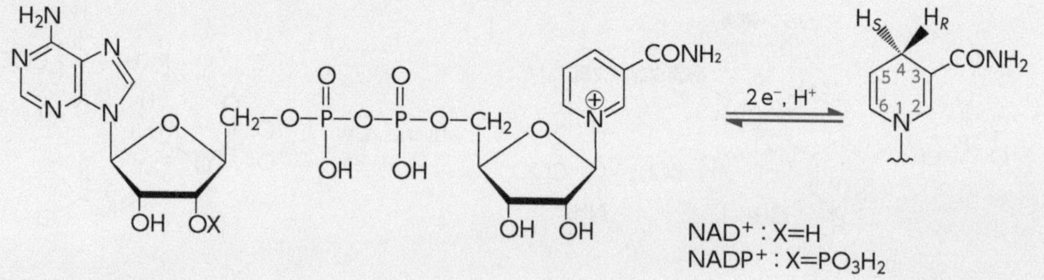

図9.4 NAD(P)$^+$ の化学構造と補酵素作用
右は二電子還元されたNAD(P)Hのニコチンアミド環.

活性を有する誘導体の総称である．ナイアシン活性を有する代表的な化合物がニコチン酸(ピリジン-3-カルボン酸)とニコチンアミド(ピリジン-3-カルボキサミド)であり，水，エタノールに可溶の白色粉末である.

ナイアシンは，高等動物や高等植物において，トリプトファンからキヌレニン，キノリン酸を経て生合成される．ナイアシン欠乏によりペラグラ(皮膚炎，認知症など)をひき起こす．生体内ではニコチンアミドアデニンジヌクレオチド(NAD)，あるいはニコチンアミドアデニンジヌクレオチドリン酸(NADP)に変換され，グルタミン酸デヒドロゲナーゼやアルコールデヒドロゲナーゼなどの補酵素として作用する．NAD(P)*酵素は有機酸，アミノ酸，糖などの代謝や生合成に関与する多くの酸化還元酵素で，水素授受反応を触媒する．一般にNAD酵素はおもに分解，NADP酵素は生合成にはたらく．図9.4に示すように，酸化型と還元型の相互変換[NAD(P)$^+$↔NAD(P)H]を介して可逆的な酸化還元酵素反応の補酵素として作用する．酵素によりNAD$^+$とNAD(P)$^+$のいずれか一方を利用するものと，両者を区別なくほぼ同様に利用するものがある．酸化還元酵素に結合した補酵素NAD(P)$^+$の酸化還元反応の反応中心はニコチン環の4位であり，還元型のNAD(P)Hはプロキラルな2個の水素原子をもち，立体化学的にプロ*R*水素の授受に特異的な「A型酵素」とプロ*S*水素の授受に特異的な「B型酵素」がある.

* NADまたはNADP

E. パントテン酸($C_9H_{17}NO_5$)

パントテン酸は，パントイン酸(2,4-ジヒドロキシ-3,3-ジメチルブチル酸)にβアラニンがアミド結合した黄色の油状物質である．カルシウムなどの塩は無色で，水，エタノールに溶けやすいが，酸，アルカリに不安定である．高等動物には必須であるが，ヒトでは欠乏症は起こりにくい．コエンザイムA(CoA)の構成成分であり，脂肪酸の合成および分解においてアシル基の運搬体として機能する.

F. ビオチン($C_{10}H_{16}N_2O_3S$)

天然のビオチンはD型で，2つの五員環はシス形に結合している．無色の針状結晶で，水や酸には溶けにくく，熱や酸には安定である．

ビオチンは，腸内細菌により合成されるため欠乏症は起こりにくい．ビオチンを補酵素とするピルビン酸カルボキシラーゼやアセチル CoA カルボキシラーゼなどはカルボキシ基(-COOH)の転移を触媒する．

G. 葉酸(プテロイルグルタミン酸，$C_{19}H_{19}N_7O_6$)

葉酸は，プテリジン塩基に，パラアミノ安息香酸が結合したプテロイン酸に 1 ～数分子のグルタミン酸がアミド結合したもので，2 つ目からのグルタミン酸は γ 結合している．

葉酸は腸内細菌により合成される．欠乏すると生育不良や神経障害，貧血症を引き起こす．核酸の構成成分であるプリンやチミンの生合成に関与する．

H. ビタミン B_{12}(コバラミン，$C_{63}H_{88}CoN_{14}O_{14}P$)

ビタミン B_{12} は，コリン環とヌクレオチドの構造をもつ，コバルト(Co)の錯体である．ビタミン B_{12} 補酵素のアデノシル B_{12} は，メチルマロニル CoA ムターゼなどの水素移動を伴う転移反応に関与する酵素の補酵素として作用する．

I. ビタミン C(アスコルビン酸，$C_6H_8O_6$)

アスコルビン酸は糖質に由来し，ヘキソースに相当する基本骨格を有する γ-ラクトンである．ビタミン C としての生理活性を示すのは L 形で，D 形は不活性である．その強力な還元力は，ラクトン環(環状エステル)に組み込まれた 2 位と 3 位のエンジオール基(-C(OH)=C(OH)-)に起因する．酸味を有する無色の結晶で，酸性で安定である．

ビタミン C は多くの高等動物では必須であり，欠乏すると壊血病を起こす．ビタミン C は可逆的な酸化還元系において電子の授受に関与している．抗酸化作用がおもな生理作用で，コラーゲンの生成，副腎皮質ホルモンやカテコールアミンの生成，脂質代謝などに重要な役割を果たしている．

9.2 脂溶性ビタミン

A. ビタミン A(レチノール，$C_{20}H_{30}O$)

レチノールは β-イオノン環と 4 個の二重結合をもつアルコール側鎖からなり，側鎖の二重結合について，シス-トランス異性体が存在する．酸，空気，光，熱によって重合，分解，異性化するが，エステル化などにより安定化する．

レチノールのほか，レチナールおよびレチノイン酸もビタミンA作用を示す．植物に含まれるβ-カロテンなどのプロビタミンAからの転換により生成される．天然にはレチノール（ビタミンA_1）などと，その誘導体が存在する．視覚作用，骨，粘膜，皮膚の正常維持，生殖機能の維持などの作用がある．欠乏すると夜盲症，成長停止などが起こる．過剰症として脳圧亢進，脱毛などが知られている．

B.　ビタミンD（カルシフェロール）

5,7-ジエンステロール骨格を有するプロビタミンDの紫外線照射によって生成するすべての抗くる病因子をビタミンDという．側鎖構造の異なるビタミンD_2～D_7があるが，天然型としてエルゴカルシフェロール（ビタミンD_2，$C_{28}H_{44}O$）やコレカルシフェロール（ビタミンD_3，$C_{27}H_{44}O$）が代表である．いずれも熱，光，空気，酸に不安定な白色結晶で，水には溶けず，各種有機溶媒や油に溶ける．活性型への転換には体内での1α位と25位のヒドロキシ化反応を要する．活性型ビタミンDの欠損による骨の疾患「くる病」や骨軟化症が欠乏症として，異所性石灰化が過剰症として知られている．

C.　ビタミンE（トコフェロール）

ビタミンEは，クロマン環にイソプレン側鎖が結合した化合物で，側鎖に不飽和結合がないものをトコフェロール，3つの不飽和結合をもつものをトコトリエノールという．いずれも無色ないし淡黄色の粘稠性の油状物質で，有機溶媒には溶けるが，水には溶けない．2位の不斉炭素の立体配置の異なる光学異性体が存在するが，天然のものはすべて*R*体である．トコフェロールの天然型にはクロマン環に結合するメチル基（$-CH_3$）の数と位置が異なる4つの異性体が存在し，α-トコフェロール（$C_{29}H_{50}O$）が最も作用が強い．抗酸化作用をもち，不飽和脂肪酸の自動酸化を防ぐことで生体膜を安定化すると考えられている．また抗不妊作用を示す．

D.　ビタミンK（フィロキノン，メナキノン，メナジオン）

ビタミンKはナフトキノン誘導体で，2-メチル-1,4-ナフトキノン（メナジオン）に結合する側鎖の鎖長の異なるフィロキノンとメナキノンが知られている．腸内細菌によって供給されるので，欠乏症は起こりにくいが，欠乏すると血液凝固能の低下をもたらす．植物が生産するフィロキノン（ビタミンK_1，$C_{31}H_{46}O_2$），細菌が生産するメナキノン（ビタミンK_2）は医薬品としても使われるが，ビタミンKとしての作用は合成品であるメナジオン（ビタミンK_3）が最も強い．キノン型とキノール型に酸化還元が可能であり，一種の電子伝達体として作用する．

ワルファリンの作用と納豆

血液の凝固因子がつくられるのを抑えて血を固まりにくくし，血栓ができるのを抑えるワルファリンを服用中に，ビタミンKを摂取すると，ワルファリンの効果が弱くなるため，摂取食品に注意が必要となる．

ビタミンKは血液凝固因子のうち第Ⅱ因子(プロトロンビン)，第Ⅶ因子，第Ⅸ因子，第Ⅹ因子の生合成に関与し，ビタミンK依存性カルボキシラーゼの補酵素として，図に示したしくみではたらいている．

① NADHあるいはジチオトレイトール($DTTH_2$)によるビタミンKの還元型(KH_2)への還元，② KH_2のビタミンKエポキシド(KO)への変換，③ビタミンKエポキシドのビタミンKへの還元の3段階がある．

②の反応は，グルタミン酸からγ-カルボキシグルタミン酸へのカルボキシ化反応と共役し，また，①～③の反応がサイクルを形成してビタミンKの持続的作用に寄与すると考えられている．ワルファリンの作用は上記③の反応(ビタミンKエポキシド還元酵素活性)を強く阻害し，血液の凝固を防ぐ．しかし，この薬剤を使用中にビタミンKを豊富に含む納豆などを食べると，この薬剤の使用でビタミンKのはたらきを抑えていても，効果を打ち消すことになる．ビタミンKを豊富に含む食材としては納豆のほかに，青汁やクロレラが知られている．

なお，ビタミンKの表記をKのみで表記したり，一般名のワルファリンカリウムの名称からKをカリウムと混同しないようにしたい．

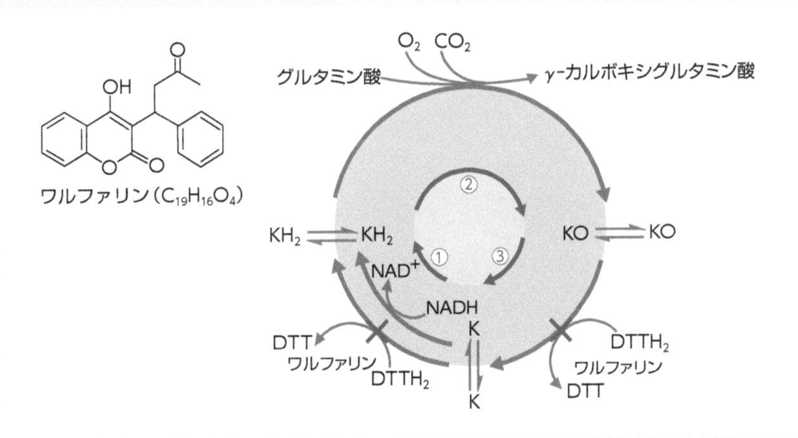

図　ビタミンKがはたらくしくみ

次の問題に答えなさい.

①ビタミンは水溶性ビタミンと何に大別されるか.

②ピルビン酸デヒドロゲナーゼやトランスケトラーゼなどの補酵素として作用するビタミンは何か.

③欠損すると骨の疾患「くる病」や骨軟化症になるビタミンは何か.

生体構成有機化合物編

10. 核酸

アーサー・コーンバーグ（1918 ～ 2007）
アメリカ出身の生化学者．DNA ポリメラーゼⅠを発見し，試験管内での高分子 DNA の合成に成功した．1959 年にノーベル医学・生理学賞受賞．

遺伝子は**核酸**という高分子の重合体からできている．タンパク質の構成単位はアミノ酸であったが，核酸の繰り返し単位は**ヌクレオチド**といい，糖（単糖）に塩基とリン酸（H_3PO_4）がエステル結合した構造をもつ．核酸には 2 種類あり，一方の**デオキシリボ核酸**（DNA）はおもに細胞核にある遺伝物質である．他方の**リボ核酸**（RNA）は細胞質におもに存在して，DNA の情報を細胞質に伝達し，その情報に基づいてタンパク質合成を行うために必要な核酸である．DNA に含まれる糖は **2-デオキシ-D-リボース**（$C_5H_{10}O_4$）であるが，RNA には **D-リボース**（$C_5H_{10}O_5$）が含まれる（図 10.1）．

図 10.1　デオキシリボースとリボース
▒ 内は鎖状構造で表した場合．

2-デオキシ-D-リボース（$C_5H_{10}O_4$）

D-リボース（$C_5H_{10}O_5$）

10.1 プリンとピリミジン

2-デオキシ-D-リボースまたは D-リボースに結合する塩基には**プリン**（$C_5H_4N_4$）**誘導体**と**ピリミジン**（$C_4H_4N_2$）**誘導体**の 2 種類がある．DNA と RNA はともにプリン塩基である**アデニン**と**グアニン**を含むが，ピリミジン塩基としては，DNA が**シトシン**と**チミン**を含むのに対し，RNA は**シトシン**と**ウラシル**を含む．チミンはウラシルの 5 位がメチル化されたものである（図 10.2）．

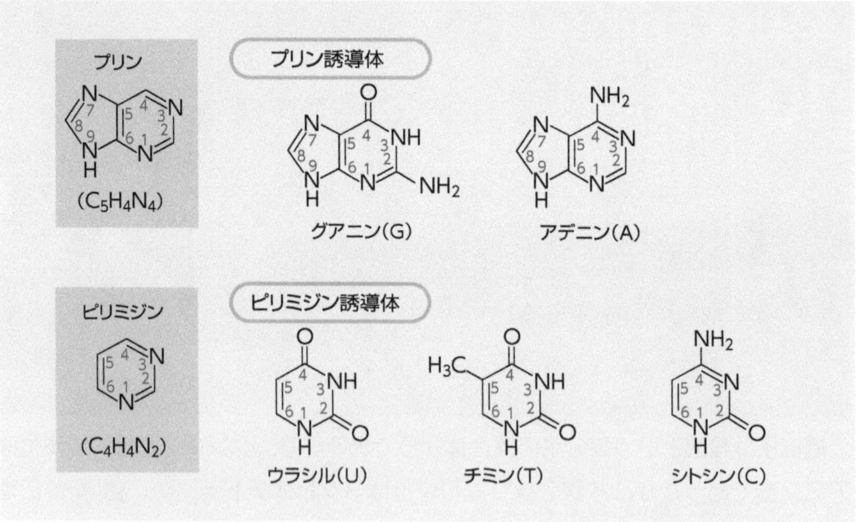

図 10.2　プリン体とピリミジン体

10.2 ヌクレオシドとヌクレオチド

2-デオキシ-D-リボースまたは D-リボースの β-フラノース型のアノマー炭素(6.1 節参照)に塩基が *N*-グリコシド結合したものをそれぞれ**デオキシリボヌクレオシド**または**リボヌクレオシド**という．プリン塩基は 9 位の窒素(N)で，ピリミジン塩基は 1 位の N でそれぞれ糖に結合している．アデニン，グアニン，シトシン，チミン，ウラシルのリボヌクレオシドをそれぞれ**アデノシン**，**グアノシン**，**シチジン**，**チミジン**，**ウリジン**という．ヌクレオシドにおいて糖の炭素の番号は，塩基の複素環上で用いる番号と区別するため通常ダッシュ(′)付きで示す(図 10.3 参照)．

ヌクレオシドの糖のヒドロキシ基(-OH)にリン酸がエステル結合すると**ヌクレオチド**となる．DNA では糖に 2′-デオキシ-D-リボースが使われるため，その構成単位は**デオキシリボヌクレオチド**となり，RNA では**リボヌクレオチド**となる．これらの単位は，結合している塩基の頭文字の 1 文字で表される．すなわち，A(アデニン)，G(グアニン)，C(シトシン)，T(チミン)および U(ウラシル)の 5 種類のヌクレオチドが存在するが，この一文字記号は遺伝暗号を表す際に使われる．ヌクレオチドにはリン酸の結合部位により 2′-，3′-，5′- の 3 種類の異性体が存在する．アデノシン，グアノシン，シチジン，チミジン，ウリジンの 5′位にリン酸が一分子結合したものはそれぞれ **5′-アデニル酸**(AMP)，**5′-グアニル酸**(GMP)，**5′-シチジル酸**(CMP)，**5′-チミジル酸**(TMP)，**5′-ウリジル酸**(UMP)という(図 10.3)．

AMP：adenosine 5′-monophosphate
GMP：guanosine 5′-monophosphate
CMP：cytidine 5′-monophosphate
TMP：thymidine 5′-monophosphate
UMP：uridine 5′-monophosphate

図 10.3　デオキシリボヌクレオチドとリボヌクレオチド

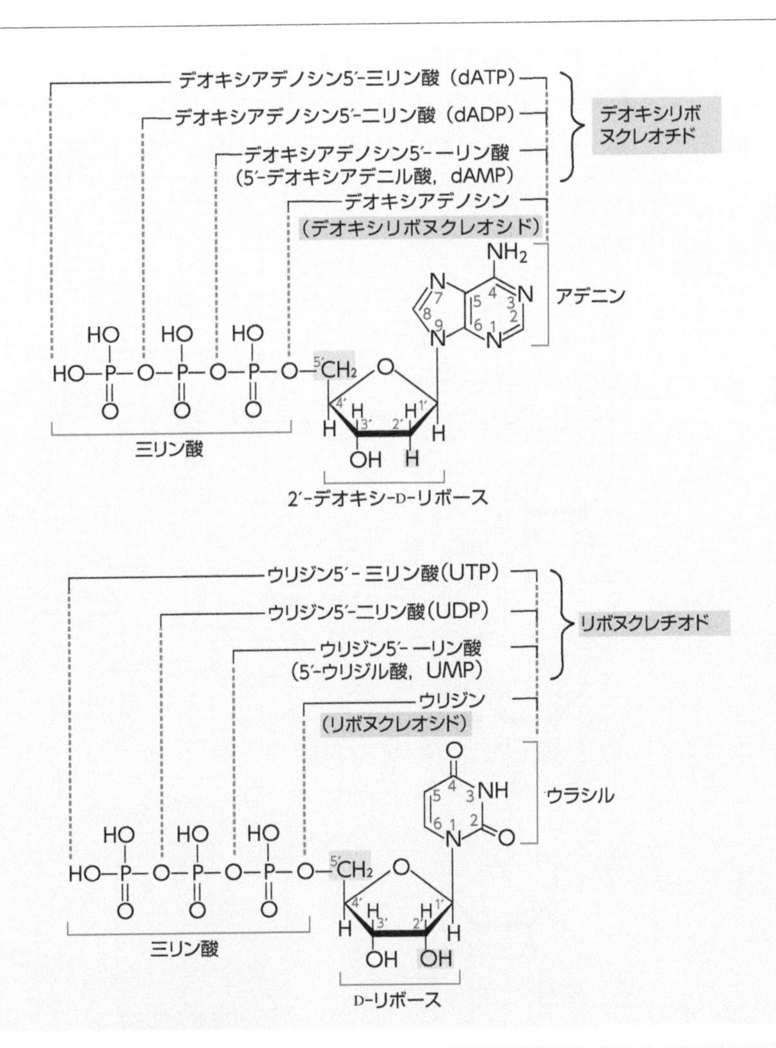

10.3 核酸の構造

核酸はヌクレオチドの糖の 5′ 位に結合したリン酸が，隣のヌクレオチドの糖の 3′ 位にエステル結合した形でヌクレオチドが直鎖状に連なっている．リン酸基が 2′-デオキシ-D-リボースまたは D-リボースの 5′ についている側をその鎖の **5′ 末端**，反対側を **3′ 末端**という．核酸は 5′ 末端側から 3′ 末端側に向かう塩基配列としてその構造を表すことができる（図 10.4）．

A. DNA の構造

1953 年にワトソンとクリックが明らかにしたように，DNA では 2 本のヌクレオチドの重合鎖がからみ合ったらせん構造（**二重らせん構造**）を形成している（図

10.5）．

このとき，2 本の鎖は，互いに向かい合ったヌクレオチドの特定の塩基と水素結合を形成している．すなわち 2 本の鎖は水素結合によって互いに結ばれてい

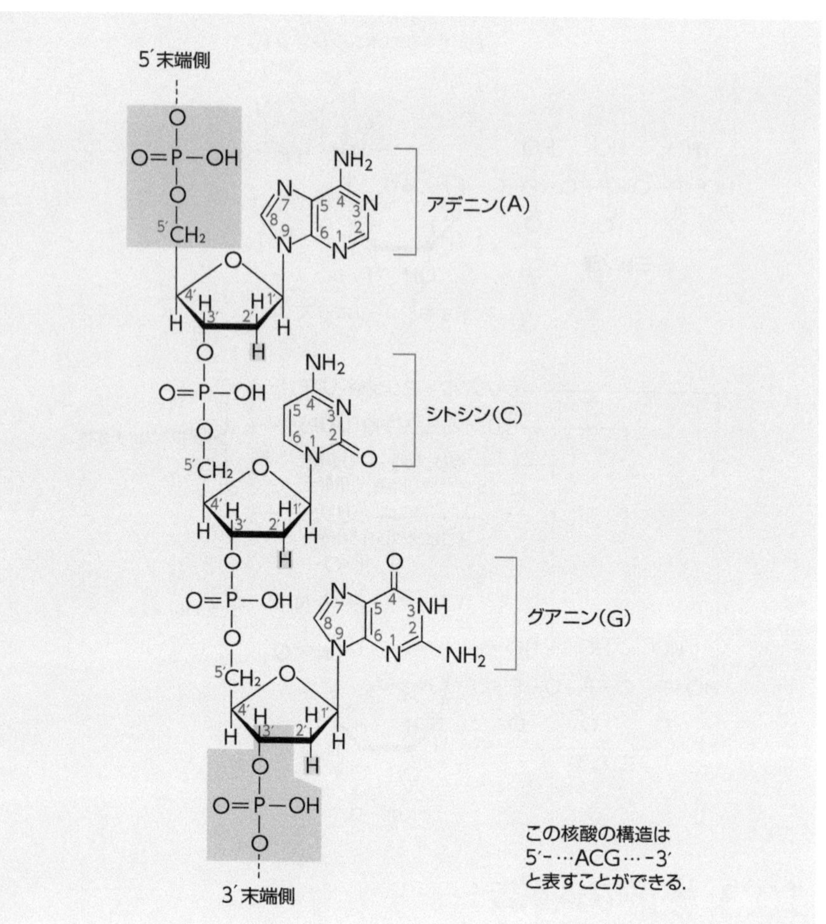

図 10.4　核酸の5′末端と3′末端

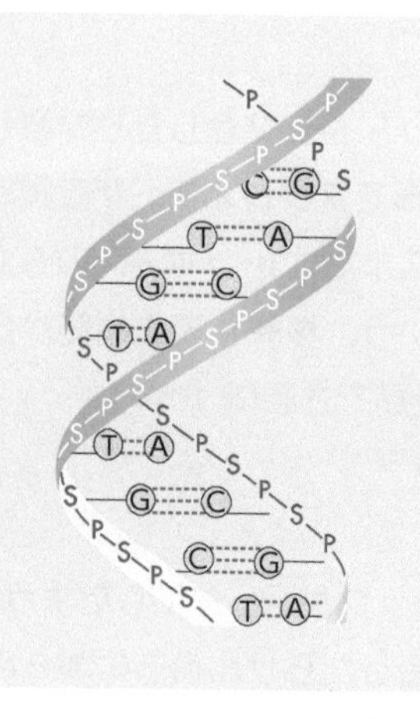

図 10.5　DNA の二重らせん構造
P＝リン酸
S＝糖
A＝アデニン
G＝グアニン
C＝シトシン
T＝チミン
………水素結合

ることになる．この水素結合で対をなす塩基は**アデニンとチミン**(A と T)，および**グアニンとシトシン**(G と C)である(図 10.6)．

また，2 本の鎖は互いに反対方向を向いており，一方の鎖が 5′末端側から

図 10.6 DNA の塩基対

＊ RNAではチミンの代わりにウラシルとの間で水素結合を形成する．

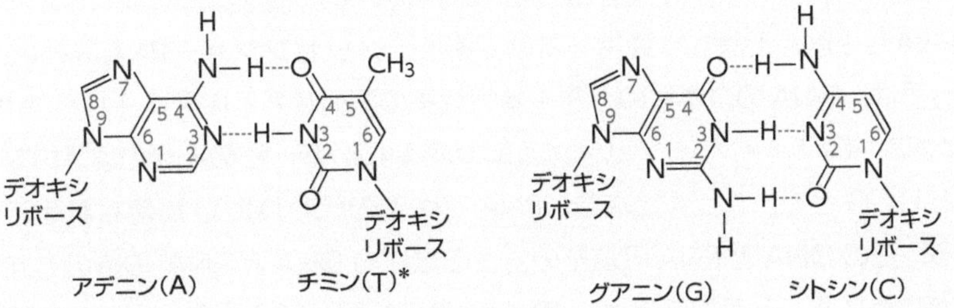

図 10.7 相補的塩基配列

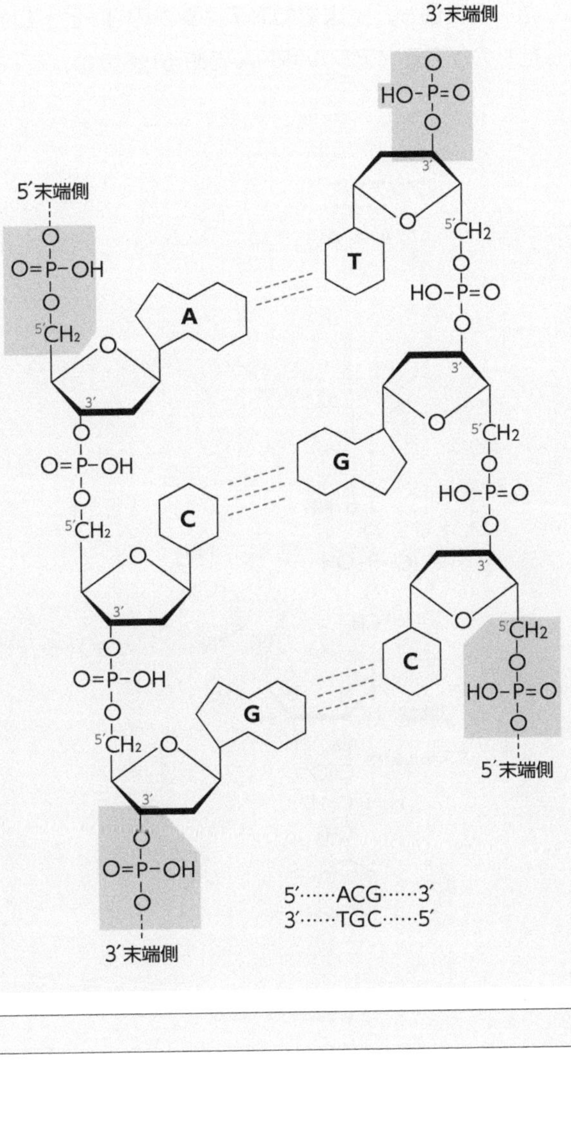

3′末端側を向いているとすると，もう一方は 3′末端側から 5′末端側の方向を向いている．このように対応する塩基対を介して水素結合する 2 本の DNA 鎖の塩基配列のことを**相補的塩基配列**という(図 10.7)．

B. RNA の構造

RNA は DNA と異なり通常一本鎖である．**メッセンジャー RNA**(mRNA)という分子は，DNA の二本鎖のうち 1 本の塩基の配列をもとに合成される(真核細胞では後述するようにイントロンといわれる領域が除かれる)が，このときの塩基の対合は A と U，G と C，T と A となり，RNA では T の代わりに U が使われることになる．この DNA と RNA の塩基の対合の際にも DNA と RNA の鎖の方向は反対向きとなる．**トランスファー RNA**(tRNA)は 70〜100 個のリボヌクレオチドからなる分子で特徴的な高次構造をとるが，その中に**アンチコドン**という 3 つのリボヌクレオチドからなる特異的な塩基配列を有する．このアンチコドンの塩基配列に対応したアミノ酸が，3′末端のアデノシンの 3′-ヒドロキシ基(-OH)にエステル結合したものが**アミノアシル** tRNA である(図 10.8)．

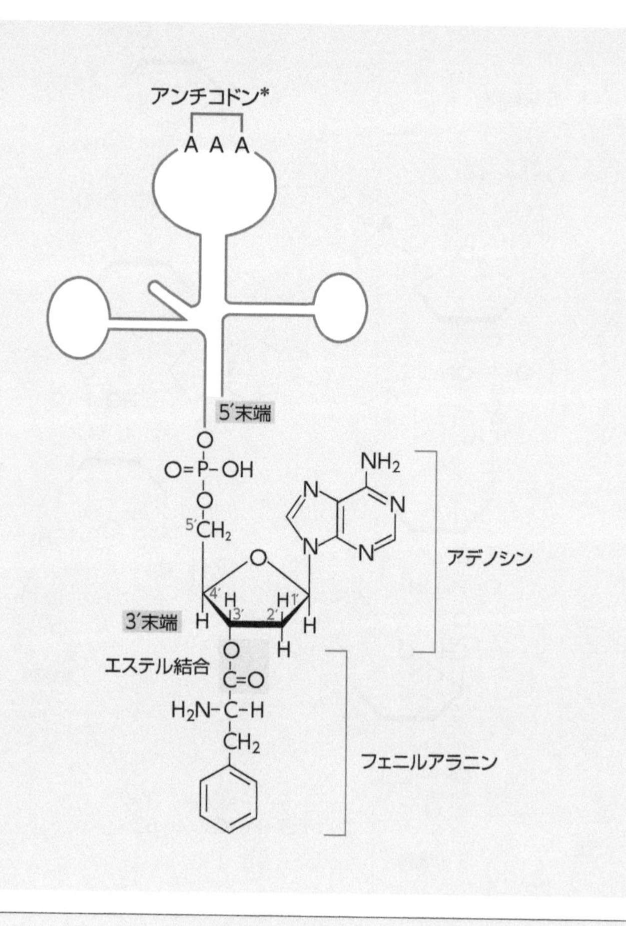

図 10.8 フェニルアラニン tRNA を例としたトランスファー RNA (tRNA)の構造
＊ フェニルアラニンのコドンであるmRNA上のUUUに相補的に結合する．

10.4 転写と翻訳

DNAの遺伝情報はA，T，G，Cという4種類のヌクレオチドの順序，すなわち塩基配列により構成されている．真核細胞においては，この配列情報は，**ヘテロ核RNA**(hnRNA)というRNA分子に相補的な塩基の対合に基づいて写し取られる．この過程を**転写**という．DNA上では，遺伝情報を含む**エキソン**という配列が，**イントロン**(介在配列)という配列で分断されて存在しているため，hnRNA上からこのイントロンを除いてエキソンに相当する部分をつなぎ合わせる作業が必要となる．この作業を**スプライシング**といい，エキソンのみがつながったRNAがmRNAとなる．mRNAは細胞質にあるリボソーム上でアミノ酸を運搬してきたtRNAに相補的に結合するが，このときtRNAはmRNAの3つの塩基を認識して，それに相補的な配列をもつtRNAが結合する．これを**三塩基連鎖**という．こうして塩基配列の情報がアミノ酸配列の情報に読み替えられるが，このmRNAの情報を基にリボソーム上でタンパク質が合成される過程を**翻訳**とい

図 10.9 転写と翻訳

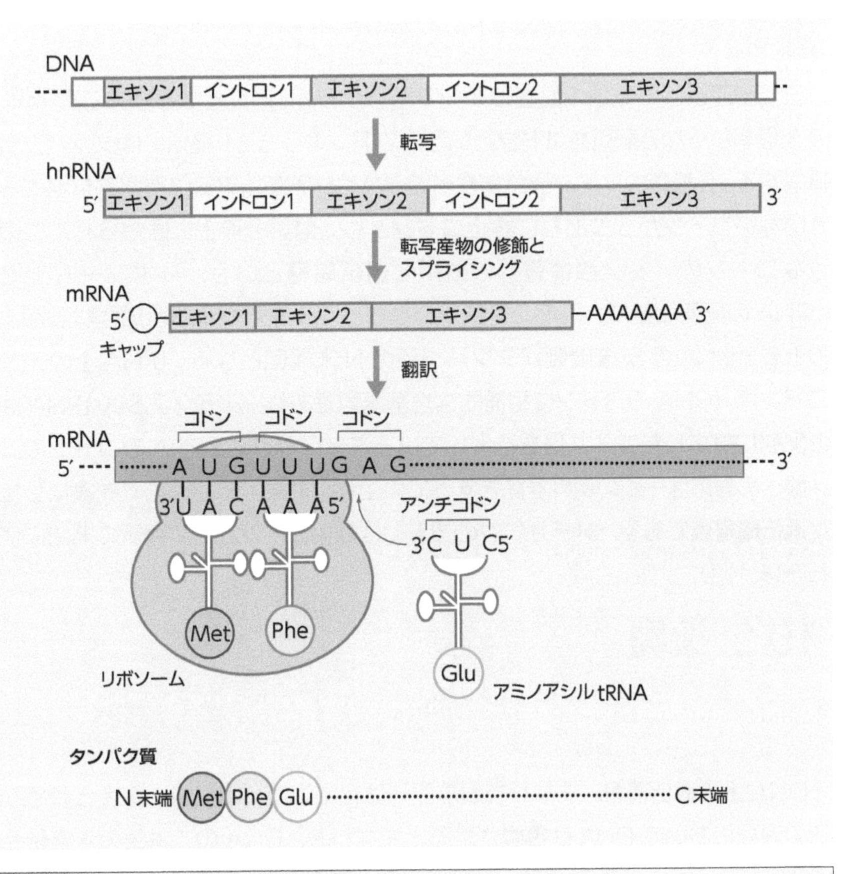

表10.1 遺伝暗号表

		2番目の塩基			
		U	C	A	G
1番目の塩基	U	UUU Phe	UCU Ser	UAU Tyr	UGU Cys
		UUC Phe	UCC Ser	UAC Tyr	UGC Cys
		UUA Leu	UCA Ser	UAA 終止	UGA 終止
		UUG Leu	UCG Ser	UAG 終止	UGG Trp
	C	CUU Leu	CCU Pro	CAU His	CGU Arg
		CUC Leu	CCC Pro	CAC His	CGC Arg
		CUA Leu	CCA Pro	CAA Gln	CGA Arg
		CUG Leu	CCG Pro	CAG Gln	CGG Arg
	A	AUU Ile	ACU Thr	AAU Asn	AGU Ser
		AUC Ile	ACC Thr	AAC Asn	AGC Ser
		AUA Ile	ACA Thr	AAA Lys	AGA Arg
		AUG Met	ACG Thr	AAG Lys	AGG Arg
	G	GUU Val	GCU Ala	GAU Asp	GGU Gly
		GUC Val	GCC Ala	GAC Asp	GGC Gly
		GUA Val	GCA Ala	GAA Glu	GGA Gly
		GUG Val	GCG Ala	GAG Glu	GGG Gly

う(図 10.9).

三塩基連鎖は 4 種類の塩基の順列であるから 64 通りとなるが，この mRNA の 3 塩基からなる配列を**コドン**という．コドンのうち 61 種類にはタンパク質を構成する 20 種類のアミノ酸が割り当てられているが，アミノ酸が割り当てられていないコドンが 3 つあり，**終止コドン**として翻訳の停止にはたらく．このようなコドンのアミノ酸情報への対応を**遺伝暗号**という．リボソーム上では mRNA の配列に基づいてアミノ酸がつながってタンパク質が合成されるが，このとき mRNA の**5′末端側**がタンパク質の**N 末端側**となる．tRNA 上のアンチコドンは mRNA のコドンに相補的な塩基配列であり，アミノアシル tRNA はこの配列に対応したアミノ酸を結合していることになる．mRNA のコドンのアミノ酸への対応は一部の例外を除きすべての生物に共通であり，これを表にしたのが**遺伝暗号表**である．メチオニンのコドンは**開始コドン**として翻訳の開始に使われる(表 10.1).

10.5 複製

DNA 上の遺伝情報，すなわち塩基配列は親細胞から娘細胞に伝えられるが，この過程において DNA は**複製**される．すなわち，DNA の二本鎖の水素結合が

図 10.10　DNAの半保存的複製

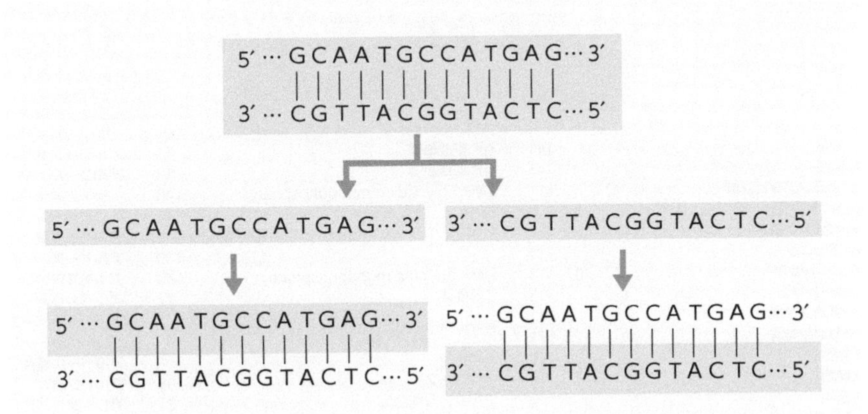

解離し，それぞれの鎖に相補的な DNA 鎖が新たに合成されて，原則として同じ配列をもつ二本鎖の DNA がつくられる．このような複製を**半保存的複製**という（図 10.10）．

(　　)に入る適切な語句を答えなさい．

① DNA の二重らせん構造で，水素結合を介して結合している塩基は，アデニンとチミン，グアニンと(　　)である．

② DNA には，遺伝情報を含む(　　)と，それを含まないイントロンという配列が存在している．

③翻訳の開始に使われる開始コドン(AUG)は，(　　)のコドンである．

章末問題の解答

1 章①アボガドロ② 12 ③官能基，2 章① 1 ②イオン③水素，3 章①トランス② D ③ α ヘリックス，4 章①アルケン②エタノール③塩基(アルカリ)，5 章①アルデヒドや還元糖②メタ位③ザイツェフ則，6 章①スクロースとマルトース②スクロース③アミロース，7 章①グリシン②ペプチド③四次構造(サブユニット構造)，8 章① 3 ②トリアシルグリセロール(トリグリセリド)③ホスファチジルコリン(レシチン)，9 章①脂溶性②ビタミン B_1 ③ビタミン D，10 章①シトシン②エキソン③メチオニン

基礎有機化学 第2版 索引

マ

ヤ

ラ

ワ

編者紹介

たかはし　よしたか
高橋　吉孝

1986年　徳島大学医学部医学科卒業
1991年　徳島大学大学院医学研究科博士課程修了
現　在　岡山県立大学保健福祉学部 教授

つじ　ひであき
辻　英明

1970年　京都大学農学部農芸化学科卒業
1977年　京都大学大学院農学研究科修了
現　在　岡山県立大学 名誉教授

NDC 590　159p　26 cm

栄養科学シリーズ NEXT
基礎有機化学　第2版
2024年 5月 22日　第1刷発行

編　者　高橋吉孝・辻　英明
発行者　森田浩章
発行所　株式会社　講談社
〒112-8001　東京都文京区音羽 2-12-21
販　売　(03)5395-4415
業　務　(03)5395-3615

KODANSHA

編　集　株式会社　講談社サイエンティフィク
代表　堀越俊一
〒162-0825　東京都新宿区神楽坂 2-14　ノービィビル
編　集　(03)3235-3701

本文データ制作 カバー印刷　半七写真印刷工業株式会社
本文・表紙印刷 製本　株式会社ＫＰＳプロダクツ

落丁本・乱丁本は，購入書店名を明記のうえ，講談社業務宛にお送りください．送料小社負担にてお取り替えします．なお，この本の内容についてのお問い合わせは講談社サイエンティフィク宛にお願いいたします．
定価はカバーに表示してあります．

Printed in Japan

ISBN978-4-06-535642-5